粗颗粒盐渍土地基

程东幸　刘志伟　胡　昕　著

科学出版社

北　京

内 容 简 介

本书以内陆地区实际工程为依托，系统研究粗颗粒盐渍土病害类型、基本物理力学特性、主要工程性能及地基处理方案，建立一种新的粗颗粒盐渍土类型划分方法及标准，提出基于地层渗透系数、骨架颗粒含量、易溶盐分布形态及特性的场地溶陷性判定方法，从而建立一种基于地层结构、硫酸钠含量的盐胀性判定方法，并提出一种粗颗粒盐渍土“地基改良技术”。本书对完善、促进我国粗颗粒盐渍土理论提升和工程应用具有较强的指导作用。

本书是在汇集大量现场试验、室内试验、前人研究成果的基础上编著的一部集成性、系统性的研究著作，可供岩土工程勘察设计人员和项目管理、工程施工、监理人员使用，也可供高等院校研究人员和学生参考。

图书在版编目（CIP）数据

粗颗粒盐渍土地基/程东幸，刘志伟，胡昕著. —北京：科学出版社，2021.11

ISBN 978-7-03-068767-8

Ⅰ. ①粗…　Ⅱ. ①程…　②刘…　③胡…　Ⅲ. ①盐渍土-地基处理　Ⅳ. ①TU472

中国版本图书馆 CIP 数据核字（2021）第 089405 号

责任编辑：韩　鹏　张井飞/责任校对：张小霞
责任印制：赵　博/封面设计：图阅盛世

科学出版社 出版
北京东黄城根北街 16 号
邮政编码：100717
http://www.sciencep.com
北京厚诚则铭印刷科技有限公司印刷
科学出版社发行　各地新华书店经销
*
2021 年 11 月第　一　版　开本：720×1000　1/16
2025 年 2 月第三次印刷　印张：11 3/4
字数：229 000

定价：118.00 元
（如有印装质量问题，我社负责调换）

序

盐渍土是自然界中广泛存在的一种地质物质，粗颗粒盐渍土因其以碎石类和砂类粒径的“粗”颗粒为绝对主力而单分出一支。在我国内陆干旱和半干旱地区的戈壁滩地、倾斜平原、坡脚地带、洪积扇中很容易见到它们的踪影：秋冬季节地面泛白的“盐霜”、农房墙脚的浅色朽斑、电杆下端的腐裂花纹、钻孔坑洞的集盐结皮，都是其留下的“杰作”。更其甚者，高浓度盐分集结可以成矿成湖，知名者如察尔汗盐湖、茶卡盐湖，千姿百态的盐矿晶体和“天空之镜”，吸引游人蜂拥而至，形成我国西部一道独特的旅游风景线。

在工程建设中，盐渍土因其具有独特的、不良的工程性质而被归类为特殊性岩土的一种，其危害性主要是腐蚀性、溶陷性和盐胀性。实际工程中，粗颗粒盐渍土的形态样貌多种多样，其中的盐分普遍具有随温度、湿度等外界环境变化而迁移变化的动态特性，在很多地方还是多种盐分类型混杂分布。因此，粗颗粒盐渍土对建设工程的影响往往是综合的、长期的，更是差异化和复杂化的。缺乏对粗颗粒盐渍土工程特性全面认真的研究，使得人们很难作出正确的工程决策。这方面的案例与教训非常之多，置身其中的人们不得不慎之又慎。

近 20 年来，在西部大开发的背景下，本书作者接触到多个地域的粗颗粒盐渍土工程，以此为契机，开展了大量的勘察试验、研究分析、地基处理工作，不仅在工程方面给出勘察评价、参数取值、措施建议的应对之策，而且在成因机理、类型细分、演变规律、评价方法、改良措施等方面进行了深入的学术研究和探讨，取得不少新见解和新突破。尤其是提出不同于原有工程建设标准的溶陷性和盐胀性判定新方法，以及地基改良新技术，归纳总结出系统化的专业认识和解决方案，为我国内陆盐渍土地区的工程建设贡献出了新智慧和新经验。

本书中一些观点和内容虽在可查阅文献中鲜有报道，但其已经历了大量工程应用和验证，是可靠和值得推广的。作者倾囊而出，目的就是为学科的发展和工程建设的顺利实施提供一份力所能及的贡献。客观地说，在科学真理的海洋中，唯有长期的积聚才能由点滴汇成大海。书中很多观点值得读者借鉴，虽然有些观点或许目前还不能被一些人认同，但读者可以仁者见仁，智者见智，哪怕能吸收一点思路、指导一些工程、推动一些研究，我想，作者出书的目的也就达到了。

学科的发展需要百家争鸣，需要大量的、广泛的工程实践去检验和推广。希望这本书能够得到读者的广泛关注。

全国工程勘察设计大师　刘厚健

2021 年 4 月 26 日

前　言

盐渍土在世界各地分布非常广泛。欧洲、南北美洲、亚洲、非洲等均有大面积的分布，涉及100多个国家和地区。在我国，盐渍土的总面积约为$99\times10^4km^2$，主要分布在青海、新疆、内蒙古、甘肃等内陆地区。盐渍土地基中的盐分受水和温度变化敏感，因此，经常会给工程带来严重的病害，从而造成巨大的经济损失。近些年来，尤其是随着“西电东送”、“一带一路”等国家重大工程建设的推进，有效解决和防范该类特殊土的工程病害问题，成为工程建设者面临的重要难题。

客观地讲，对于粗颗粒盐渍土的研究，大量的成果主要建立在室内试验基础上。但该类特殊土地层结构复杂，地基土中盐分分布无规律可循，地基土原状样难取，因此，室内试验无论是在环境模拟，还是在地层状态模拟方面都无法真正体现出真实环境下地基土的溶陷、盐胀和腐蚀特性。基于此，本书结合大量现场试验，对比室内测试结果，对粗颗粒盐渍土的工程性能和病害防治进行了系统研究，得出大量有益的研究成果，供读者参考和使用。

本书共分7章，主要从5个方面对粗颗粒盐渍土进行系统研究。一是以地层结构、盐分分布、地基土强度、渗透系数等为依据，提出内陆环境下一种基于工程实用价值的粗颗粒盐渍土类型划分方法，把粗颗粒盐渍土划分为盐胶结型和盐充填型两种类型，解决了粗颗粒盐渍土地基工程性能评价难题，为建立行之有效的盐渍土地基处置方案奠定基础；二是系统总结盐渍土地区的工程病害类型，指出剥蚀破坏、拉裂破坏和结构破坏是粗颗粒盐渍土地区常见的三种工程病害；三是考虑饱和和天然两种状态，开展盐胶结型和盐充填型粗颗粒盐渍土的现场和室内剪切试验，推荐两种类型粗颗粒盐渍土力学参数的取值；四是以地基土渗透系数、骨架颗粒含量、易溶盐含量及Na_2SO_4含量为关键控制因素，提出粗颗粒盐渍土地基工程性能判定依据，实现地基处理方案选择和设计的体系化；五是基于“场地盐渍土开挖料就地利用”理念，统筹考量粗颗粒盐渍土类型、易溶盐分布特征、骨架颗粒含量等因素，提出一种粗颗粒盐渍土的地基处理方法——“地基改良技术”。

程东幸负责统稿，以及第1章、第2章、第3章、第4章、第5章的编写；胡昕负责第6章的编写；刘志伟负责第7章的编写，并对全书文稿进行校审。同时，在本书编写过程中，西安建筑科技大学的许健教授，中国电力工程顾问集团西北电力设计院有限公司的袁俊博士、高建伟高级工程师、樊柱军高级工程师、段毅高级工程师，以及长安大学李哲副教授等参与资料提供和图件处理，感谢他们做出的贡献。

希望本书的出版能够为促进我国粗颗粒盐渍土地区的工程建设贡献微薄之力。鉴于作者水平有限，书中不足之处在所难免，敬请读者批评指正。

作　者

2021 年 4 月

目录

第1章 绪 论

1.1 粗颗粒盐渍土的概念

1.1.1 盐渍土的定义

盐渍土是指土体含盐量超过一定数量的土。到目前为止，国内外对地基土是否属于盐渍土的判定，在含盐量和含盐类别方面是有所差异的。苏联曾规定，土中易溶盐的含量超过0.5%或中溶盐含量超过5%的土，称为盐渍土；我国以前沿用的界限标准是土体易溶盐含量达0.5%的土归为盐渍土。现在国内不同行业使用的界限标准也有所差异。公路系统一般用易溶盐含量为0.3%作为界限值判定是否为盐渍土，超过这一含量时，就应按盐渍土地基进行勘察、设计和施工；铁路系统则规定地表土层1m内，易溶盐含量超过0.5%的土为盐渍土。

我国一些盐渍土地区的勘察资料表明，不少土样的易溶盐含量虽然小于0.5%，但其溶陷系数却大于0.01，最大可达0.09及以上；同样，一些地基土的硫酸钠含量小于1%，但也明显表现出盐胀力和盐胀量的现象。我国1982年《公路设计手册·路基》、2012年《盐渍土地区建筑规范》以及《岩土工程勘察规范》（GB 50021—2001）（2009年版）等规定，当地基土中易溶盐含量大于或等于0.3%且小于20%时，就应按盐渍土地基进行勘察、设计和施工。

国家标准《盐渍土地区建筑技术规范》（GB/T 50942—2014）规定：易溶盐含量大于或等于0.3%且小于20%，并具有溶陷或盐胀等工程特性的土为盐渍土。

1.1.2 粗颗粒盐渍土的定义

20世纪90年代初，在研究甘肃河西走廊和新疆地区盐渍土工程特性时，高树森和师永坤（1997）提出“粗颗粒盐渍土”一词，之后华遵孟和沈秋武（2001）、罗炳芳和潘菊英（2005）、丁兆民等（2008）对粗颗粒盐渍土的工程性能进行了较为详细的研究，但是，所有资料中都没有对粗颗粒盐渍土的含义做出明确界定。

我国《土工试验规程》（YS/T 5225—2016）中把d>0.1mm的颗粒统称为粗粒，美国统一分类标准把d>0.075mm的颗粒统称为粗粒，英、法、德、日、瑞典等国把d>0.06mm的颗粒称为粗粒。可见关于粗颗粒的定义，国际上也没有统一的标准。本书根据电力行业在西北内陆盆地，尤其是河西走廊和新疆吐哈盆地、准噶尔盆地、青海等地一些粗颗粒盐渍土地区的工程经验，结合《粗颗粒盐渍土区电力工程岩土勘测技术规程》的相关规定，给出粗颗粒盐渍土的概念，即：洗盐后，按《土工试验规程》（YS/T 5225—2016）土颗粒粒径组成定名为粗粒土的盐渍土。

1.2 粗颗粒盐渍土的成因

盐渍土的形成、发展与演变，是其所在地区自然条件（地形、地质、水文地质、气候等）和人类活动综合作用的结果。其中，气候条件是引起地基土盐渍化的主要外在因素，易溶盐（甚至部分中溶盐）的存在，及其通过地形、土质、水文、水文地质等条件发生迁移和积聚是内在因素。

内陆粗颗粒盐渍土地区大都属于荒漠生态环境，缺乏降水的淋滤作用，土中积累的易溶盐较其他区域为多；加上强烈的蒸发，不仅地表水蒸发浓缩，同时矿化的地下水借助毛细作用上升到地表形成盐渍化。这是内陆粗颗粒干旱地区盐渍土形成的普遍原因。

粗颗粒盐渍土的形成主要受以下一些条件的影响。

1. 气候条件

（1）降水稀少，蒸发量大。我国粗颗粒盐渍土所处的内陆地区，除新疆北部和部分高大山地外，年降水量均在 200mm 以下，如柴达木盆地最大年降水量只有 60mm，塔里木盆地 10mm 左右，河西走廊西部地区不足 30mm。同时，这些地区蒸发量极大，有的区域蒸发量竟达 3000mm 以上，干燥度也高达 80 左右，而相对湿度只有 40%左右。极端干旱的气候条件有利于盐分在土层中积累。

（2）气温变幅大。粗颗粒盐渍土所处环境夏季酷热、冬季严寒。年温差、日温差都很大，素有“早穿皮袄午穿纱”之说。例如，新疆地区极端最高温度多在40℃以上，极端最低温度可达–30℃以下，日温差达25℃以上。剧烈的气温变化，不仅加速盐类的运移，同时还改变着盐类的溶点和冰点，从而影响土的工程性质。例如，硫酸盐渍土，随着温度变化而发生相态的转变，破坏土的结构。

（3）风大、风多。粗颗粒盐渍土所处区域普遍多风，以西北风为主，风力可达 8 级以上，特别是山谷隘口处风力更大。例如，阿拉山口、达坂城、十三间房、头道河、三个泉、吐鲁番西部三十里风区，年大风日数多达 100 日以上。由于风的吹干，地面蒸发和植物蒸腾作用加剧，盐渍化临界深度加深，地下水矿化度间接增大。

2. 地形、地貌条件

地形、地貌对盐渍土生成最主要的影响在于促使盐分沿地形剖面的重新分配，这是因为不同地貌单元直接影响着地下水埋藏深度、矿化度及矿化类型等。

盐渍土分布区所处地形多为低地、内陆盆地、局部洼地等，这是由于盐分随地表、地下径流由高向低处汇集，洼地成为水盐汇集中心。例如，准噶尔盆地位于阿尔泰山与天山褶皱带之间，北有阿尔泰山，南有天山，仅西部额尔齐斯河谷及阿拉山口为两个地势较低的缺口，来自山地的水、盐均汇入盆地，几无流出。因此，特殊的地形、地貌条件造就了盐渍土发育环境。

3. 水文地质条件

水既是溶剂，又是盐的载体，“盐随水走，水去盐留”。由此可见，水文地质条件与盐渍土的形成有着十分密切的关系。特别是地表径流、地下径流的运动规律和水体运移途中水化学特性的动态变化，对地基土盐渍化的发生、分布具有极其重要的作用。地表径流和地下径流明显受特殊的地形、地貌条件的控制。山前地段，地形坡度大，地基土以碎石类土为主，难以形成水的汇集区，盐渍化程度低；沟谷和缓冲平原地段，地基土颗粒逐渐变细，地表、地下径流条件变差，容易形成水的汇集区和蒸发区，盐分会出现强烈积累的现象。这些因素的综合作用是促进盐渍土形成和发育的原因。

4. 地层岩性

粗颗粒盐渍土地层岩性大多以砂类土为主。该类土的毛细管孔隙直径较大，地下水借毛细管引力上升的速度快，但高度较小，从理论上讲，该类土不易积盐。

5. 人类活动

人类活动也是盐渍土形成的重要因素。例如，污水乱排导致下游地段土层含盐量增加及地下水位上升，从而造成地基土表层含盐量增高；又如，工程建设对既有生态系统的破坏，改变原有地表和地下径流通道，也可影响盐渍土空间分布范围。

6. 物质基础

盐渍土的形成，必须有源源不断的盐分来源。岩层含盐矿物的风化产物，是内陆地区粗颗粒地层盐渍化的来源。土层盐类性质与岩石矿物成分有关。例如，花岗岩侵入体和以片麻岩为主的变质岩系，多含钠长石矿物，这些地区必然反映出土层的苏打（碳酸钠）盐渍化；多岩盐、石膏、黏土等沉积岩系地区，也必然反映出土层的氯化物、硫酸盐的盐渍化。

粗颗粒盐渍土富集的西北内陆盆地周围不少山麓、丘陵多为三叠系、侏罗系、古近系和新近系含黏土质的砂岩、泥岩及砾岩，或白垩系紫红色砾岩夹薄层砂页岩等，大部分为钙质、铁质胶结，含盐的风化壳就成为盆地的盐分来源。例如，天山南麓和青海柴达木盆地广泛分布这类岩层。这些地层在强烈的物理风化作用下，残积层中富存了大量的易溶盐类，这些盐类被冰雪融水及大气降水溶解，一部分随地表水注入洼地，另一部分渗入土中注入地下，使地下水矿化度升高。

1.3　粗颗粒盐渍土的分布

1.3.1　全球盐渍土的分布概况

盐渍土在世界各地分布非常广泛，在欧洲、南北美洲、亚洲、非洲等均有大面积的分布，涉及100多个国家和地区。其中大部分分布在亚洲、非洲及亚非交界地区。非洲的盐渍土主要分布在南非、东非和北非，特别在尼罗河三角洲一带，面积相当广阔。亚洲和中东地区盐渍土主要分布在我国及蒙古、印度、巴基斯坦、土耳其、伊朗、伊拉克、叙利亚、科威特、沙特阿拉伯等。据联合国科教文组织的不完全统计，全世界盐渍土面积约有955.45×$10^4$$km^2$。盐渍土在苏联的分布面积约为75×$10^4$$km^2$，主要分布在中亚、后高加索、乌拉尔第聂伯、黑海，以及东、西西伯利亚等地区。

1.3.2　我国盐渍土的分布概况

我国各类型的盐渍土总面积约为99×$10^4$$km^2$，主要分布于23个省（直辖市、自治区）。具体来说，青海、新疆、内蒙古、甘肃、陕西、宁夏和黑龙江等省（自治区）分布较广，辽宁、吉林、河北、河南、山东、江苏等省也都有零星分布。新疆、青海、甘肃、宁夏和内蒙古是我国盐渍土分布面积最多的地域。

各地自然条件的差异，使得盐分在积聚程度和组成上有较大的差别。

内陆地区盐渍土：分布广、含盐量高、类型繁多、成分复杂，其含盐量一般高达10%～20%，有的甚至超过50%（如青海柴达木盆地、新疆塔里木盆地的盐渍土）。内陆盐渍土一般厚度大（有达数十米者），粒径组成复杂，有细粒土，也有粗粒土。内陆地区盐渍土的盐分以氯盐、亚氯盐、硫酸盐及亚硫酸盐为主。

滨海盐渍土：滨海地区成陆时间短，受海水侵袭后，经过蒸发作用，水中盐分凝聚于地表或地表较浅土层中，形成盐渍土。滨海盐渍土分为华南和华东滨海盐渍土两种。华南滨海地区地基土因淋溶作用强烈，含盐量较低，盐渍土分布面积小，以氯盐、亚硫酸盐为主；华北、华东的滨海地区淋溶作用相对较弱，土层盐分淋失较少，含盐量较高，可达3%以上，盐分以氯盐为主，土呈微碱性。

冲积平原盐渍土：河床淤积或兴修水利等，地下水位局部升高，导致局部地区的盐渍化。主要分布在黄、淮、海河冲积平原，以及松辽平原和三江平原上。

1.3.3 我国粗颗粒盐渍土的分布概况

粗颗粒盐渍土的形成及分布，与其所依存的地理、地形、气候及工程地质和水文地质条件等自然因素相关。另外，人类活动改变原来的自然环境，也使本来不含盐的土层产生盐渍化，形成次生盐渍土。

在我国，粗颗粒盐渍土主要分布在甘肃河西走廊、内蒙古、青海及新疆干旱地区的内陆盆地，多见于山前冲洪积形成的戈壁荒漠上。粗颗粒盐渍土以氯盐、亚氯盐及亚硫酸盐为主。

1.4 粗颗粒盐渍土的分类

根据不同行业的分类标准和分类依据，盐渍土的分类方法很多。概括起来，大致可从盐的性质、含盐量、盐在水中的溶解度，以及盐分在粗颗粒土中的所处状态等几个方面进行分类。

1. 按盐的性质分类

地基土中常含有多种盐类，不同性质盐的含量多寡，影响着盐渍土的工程性质。例如，含氯盐为主的盐渍土，因氯盐的溶解度大，遇水后土中的结晶盐极易溶解，使土质变软，强度降低，并发生溶陷变形。同时，其盐溶液对钢筋混凝土基础和其他地下设施中的钢筋或钢材产生腐蚀作用。又如，以硫酸盐为主的盐渍土，除了会产生溶陷变形外，其中的硫酸钠（俗称芒硝）在温度和湿度变化时，还将产生较大的体积变形，造成地基的膨胀和收缩，其溶液对基础和其他地下设施的材料（如混凝土等）将产生腐蚀作用。碳酸盐对土的工程性质的影响，视盐的成分而定，碳酸钙和碳酸镁等很难溶于水，对土起着胶结和稳定的作用，而碳酸钠和碳酸氢钠则使土在遇水后产生膨胀。

目前，对盐渍土按盐的性质分类的依据是以 100g 土中阴离子含量（以毫克当量计）的比值作为分类指标。土中含盐成分为氯盐、硫酸盐和碳酸盐，故根据氯离子（Cl^-）、硫酸根离子（SO_4^{2-}）、碳酸根离子（CO_3^{2-}）和碳酸氢根离子（HCO_3^-）含量的比值，我国的规范把盐渍土分为氯盐渍土、亚氯盐渍土、亚硫酸盐渍土、硫酸盐渍土和碳酸（氢）盐渍土（表 1.1），而苏联按表 1.2 进行分类。

2. 按盐的溶解度分类

各种盐在水中溶解的难易程度不同，通常可用一定温度下的溶解度来衡量，即以 100g 溶液中能溶解该盐的克数来表示。土中固态的盐结晶遇水后是否溶解而变为液态以及溶解的程度，直接影响地基的变形和强度特性。因此，根据土中含盐的溶解度，盐渍土可分为易溶盐渍土、中溶盐渍土和难溶盐渍土（表1.3）。

表1.1　我国按盐的性质分类的盐渍土

盐渍土名称	$\frac{Cl^-}{SO_4^{2-}}$	$\frac{CO_3^{2-}+HCO_3^-}{Cl^-+SO_4^{2-}}$
氯盐渍土	>2	—
亚氯盐渍土	2～1	—
亚硫酸盐渍土	1～0.3	—
硫酸盐渍土	<0.3	—
碳酸（氢）盐渍土	—	>0.3

表1.2　苏联按盐的性质分类的盐渍土

盐渍土名称	$\frac{Cl^-}{SO_4^{2-}}$	$\frac{CO_3^{2-}+HCO_3^-}{Cl^-+SO_4^{2-}}$
氯盐渍土	>2.5	—
亚氯盐渍土	2.5～1.5	—
亚硫酸盐渍土	1.5～1	—
硫酸盐渍土	<1	—
碳酸（氢）盐渍土	—	>0.33

表1.3　按盐的溶解度分类的盐渍土

盐渍土名称	含 盐 成 分	溶解度/%（t=20℃）
易溶盐渍土	氯化钠（NaCl）、氯化钾（KCl）、氯化钙（$CaCl_2$）、硫酸钠（Na_2SO_4）、硫酸镁（$MgSO_4$）、碳酸钠（Na_2CO_3）、碳酸氢钠（$NaHCO_3$）等	9.6～42.7
中溶盐渍土	石膏（$CaSO_4\cdot 2H_2O$）、无水石膏（$CaSO_4$）	0.2
难溶盐渍土	碳酸钙（$CaCO_3$）、碳酸镁（$MgCO_3$）等	0.0014

3. 按含盐量分类

按土中可溶盐（易溶盐和中溶盐）的含量多少来分类，是国内外对盐渍土进行分类的普遍方法。我国各部门的规定并不完全相同。

《公路路基设计规范》（JTG D30—2004）中，将盐渍土路基按含盐量分为四种（表1.4）。如前所述，《公路设计手册·路基》中，对盐渍土易溶盐含量的界限规定为0.3%。

表 1.4　公路部门盐渍土按含盐量分类

盐渍土名称	细粒土土层的平均含盐量（以质量分数计）		粗粒土通过 10mm 筛孔土的平均含盐量（以质量分数计）	
	硫酸盐渍土及亚硫酸盐渍土	氯盐渍土及亚氯盐渍土	硫酸盐渍土及亚硫酸盐渍土	氯盐渍土及亚氯盐渍土
弱盐渍土	0.3～1.0	0.3～0.5	2.0～5.0	0.5～1.5
中盐渍土	1.0～5.0	0.5～2.0	5.0～8.0	1.5～3.0
强盐渍土	5.0～8.0	2.0～5.0	8.0～10.0	3.0～6.0
超盐渍土	>8.0	>5.0	>10.0	>6.0

铁路部门所采用的按含盐量进行盐渍土分类的标准见表 1.5。《铁路工程设计技术手册・路基》规定，地表土层 1m 内易溶盐含量超过 0.5%时称为盐渍土。

表 1.5　铁路部门盐渍土按含盐量分类

盐渍土名称	含盐量/%		
	氯盐、亚氯盐	硫酸盐、亚硫酸盐	碳酸盐
弱盐渍土	0.3～1	—	—
中盐渍土	1～5	0.3～2	0.3～1
强盐渍土	5～8	2～5	1～2
超盐渍土	>8	>5	>2

4. 按盐分在地基土中的形态

粗颗粒盐渍土中盐分通常以两种方式存在：一是充填于地基土颗粒之间，互相成散体状；另一种是盐分把土颗粒黏结在一起，使得局部空间内的地基土成块状或板状形态。

按盐分在地基土中的形态，可分为盐胶结型粗颗粒盐渍土和盐充填型粗颗粒盐渍土（表 1.6）。

表 1.6　按盐分在地基土中的形态分类的盐渍土

类型	特征			
	盐分分布形态	地层结构	地基土强度	渗透性
盐胶结型	以块状、层状形态将土颗粒胶结在一起	整体状结构，地层多以成岩或半成岩的状态存在	地基土强度较高，机械难以开挖，常需爆破	渗透性差，积水难以下渗，渗透系数一般小于 10^{-5} cm/s
盐充填型	盐分以晶体形式包裹在土颗粒周围或成薄层状分布在地基土中	散体状结构	地基土颗粒间黏结性较差，土颗粒手抠可掉落	渗透性强，土层难以积水

1.5 研 究 现 状

1.5.1 盐渍土的国内外研究现状

1. 盐渍土的物理力学性质

盐渍土的三相体与非盐渍土不同，它的三相虽然可以用气相、液相和固相来表示，但液相是盐溶液，固相除土颗粒外，还含有随外界条件而发生相变的结晶盐。固相结晶盐和液相盐溶液变化将导致盐渍土工程性质发生千变万化，以致人们对土的物理力学性质等试验结果给出不正确的评价，从而导致对地基土的性能和状态作出错误判断。目前，盐渍土的工程性质仍难以用精确的数学模型来描述。

盐渍土物理力学性质的研究始于20世纪30年代，苏联有关研究机构基于土壤物理学、现代土质学和土力学理论，对盐渍土的工程性质进行了较系统的研究，并根据其工程特征进行了分类；根据盐渍土水温状态和水盐状态试验，给出地基使用条件，确立了相关的技术规程。其中，B. M别兹露克等较早地研究了土中含盐量对土的最大干密度、最佳含水量、液塑限及抗剪强度的影响。B. B.巴甘诺夫、H. A.催托维奇、B. П别特鲁辛、B. B.米海耶夫、A. A.穆斯塔法耶夫、M. I. O阿别列夫等对盐渍土的物理和力学性质及盐渍土作为建筑地基的工程特性，都有系统的研究，并提出了有关的设计和施工措施。欧美的研究人员也开展了盐渍土正负温度变化对工程特性的影响，对水气交换系统进行了有效测试，并提出了管道工程中的处理措施。

我国铁道部科学研究院早在 1953 年就对兰新线张掖地区盐渍土路基工程性质进行了调查研究。20 世纪 60 年代，铁道部第一设计院对盐渍土路基修筑中的问题进行了调查研究；20 世纪 70 年代，铁道部第一设计院、铁道部科学研究院西北研究所和铁道建设研究所等对察尔汗盐湖盐渍土地区的氯盐、亚氯盐和亚硫酸盐盐渍土的工程特性、成因、分布，以及对路基工程的危害与治理措施等进行了试验与研究；罗伟甫等在对大量盐渍土地区公路病害调查的基础上，结合室内试验，对盐渍土生成原因、分布规律、工程特性，以及对公路工程的危害等进行了论述；陈肖柏等（1989）用较先进的试验手段，在室内开展了重盐渍土在温度变化时的物理化学性质、力学性质的研究，以及盐渍土在降温时的盐分重分布及盐胀试验研究工作；新疆交通科学研究院从20世纪70年代起，系统地开展了盐渍土工程特性和路基病害规律的试验研究工作。21世纪初，随着西部大开发的实施，以及一大批相关电力工程及兰新复线的实施，对盐渍土物理力学特性的研究再一次成为研究人员和工程师们关注的焦点。长安大学、西北电力设计院有限公司、西安建筑科技大学等相关科研人员对地基土的渗透性、击实性、抗剪性能开展了室内外试验研究，并提出相应的设计参数选取意见和建议。

2. 盐渍土的微观结构

近年来，在采用扫描电子显微镜、X-射线衍射分析、差热分析等先进的仪器和手段研究盐渍土中易溶性盐结晶的微观结构形态，以及确定盐渍土的类型方面，国内外均有了新的突破。例如，Tursina 和 Stoops 等用扫描电子显微镜对易溶性硫酸盐芒硝（$Na_2SO_4 \cdot 10H_2O$）、无水芒硝（Na_2SO_4）、六水泻利盐（$MgSO_4 \cdot 6H_2O$）、白钠镁矾（$Na_2Mg(SO_4)_2 \cdot 4H_2O$）及石膏（$CaSO_4 \cdot 2H_2O$）等晶形做了许多研究，提出了盐结晶定性的分析方法，并提供了多种盐分的结晶资料；长安大学李斌、李宁远等（1989）采用 X 射线衍射分析、差热分析、扫描电子显微镜分析等手段分析了盐渍土的微观结构及化学组成；铁道第一设计院的于洪杰、中国石油天然气总公司管道设计院的周亮臣（1984）、天津大学吕文学和顾晓鲁（1994）对盐渍土的微观结构特征做了大量的试验研究和分析工作，分别通过扫描电子显微镜、X 射线能谱仪和差热分析技术，研究了青海柴达木盆地和新疆阜康地区盐渍土的矿物成分、原始结构状态、含盐成分，同时对浸水淋滤前后的盐渍土结构和矿物组成进行了分析和试验，从微观结构研究了盐渍土基本工程特性。

大量研究发现，盐渍土常具有类似于湿陷性黄土的粒状、架空、点式接触或接触-胶结的组织结构，组织结构形式是不稳定的，往往孔径远大于颗粒直径。土中所含的可溶盐一般以盐膜形式吸附在黏胶粒周围，或以盐结晶形式充填在颗粒空隙中。黏粒和盐共同作用，构成了黄土状盐渍土骨架，而颗粒间的胶结物质，把土的骨架颗粒胶结在一起，形成盐渍土的连接强度。盐渍土的物理组成结构研究为盐渍土盐胀机理和规律的解释提供了依据，从微观角度分析了盐胀机理。

3. 盐渍土的溶陷

天然状态下的盐渍土，在土的自重压力或附加压力作用下受水浸湿时产生的变形称作盐渍土溶陷变形，一般分为两种。一种是静水中的溶陷变形，当浸水时间不长、水量不多时，水使土中部分或全部结晶盐溶解，土的结构被破坏，强度降低，土颗粒重新排列，空隙减小，产生溶陷，溶陷量的大小取决于浸水量、土中盐的性质、含量及土的原始结构状态等。另一种是在浸水时间很长、浸水量很大而造成渗流的情况下，盐渍土中部分固体颗粒将被水带走，产生潜蚀。潜蚀使盐渍土的空隙增大，在土体自重和外部荷载的作用下产生溶陷变形，这部分变形称为“潜蚀变形”。

潜蚀变形是盐渍土地基与其他非盐渍土地基沉陷的本质区别，而且也是充填型粗颗粒盐渍土溶陷的主要部分。盐渍土的潜蚀可分为化学潜蚀和机械潜蚀。化学潜蚀是指土中的结晶盐被渗流的水溶解成盐溶液后，随着径流而被带走，只要有水源的补给，渗流就不断，从而土中的固体结晶盐将不断地被溶解和排出，地基中潜蚀区将越来越大。机械潜蚀是指地基土中的土颗粒被渗流的盐溶液带走的现象。地下水在渗流过程中受到土颗粒的阻力，同时水对土骨架产生压力，当土颗粒所受的压力等于或大于其在水中的浮重度时，土颗粒处于悬浮状态，将随渗流的水一起流失。

盐渍土的潜蚀造成固体颗粒的流失，使土的孔隙增加，形成不稳定的结构（图 1.1）。潜蚀后土的孔隙比远远超过盐渍土原始孔隙比，所以潜蚀引起的溶陷远比原始孔隙比情况下可能产生的地基变形要大。在渗流作用下，盐渍土一般先产生化学潜蚀，然后可能出现机械侵蚀。在整个潜蚀过程中，通常化学潜蚀是主要的。渗流初期，潜蚀发展较慢，随着水渗流速度增大，潜蚀发展也加快。

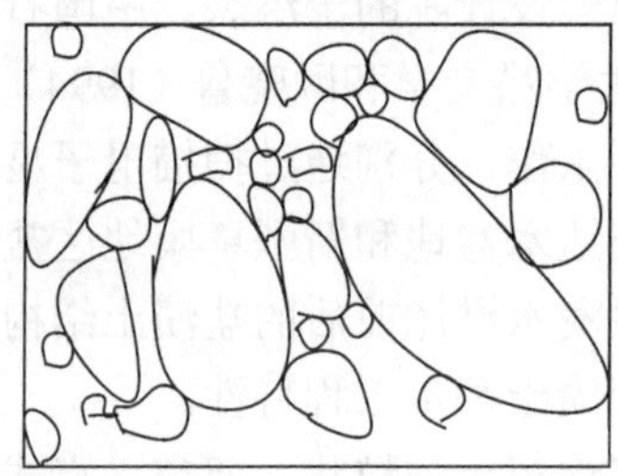
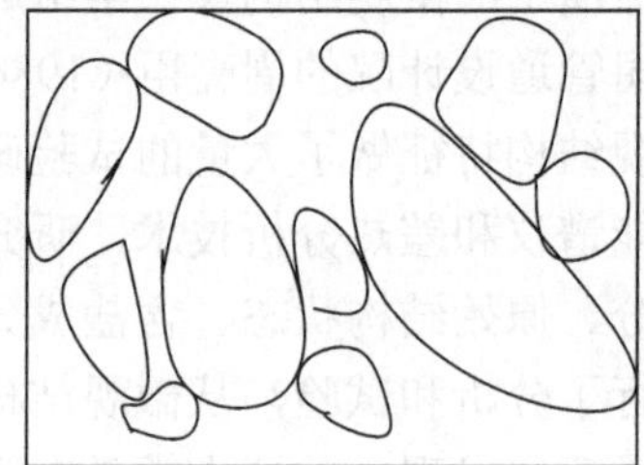

图 1.1　土体潜蚀过程

盐渍土溶陷变形主要是潜蚀溶陷变形，确定潜蚀溶陷变形的方法有室内渗压试验、现场浸水载荷试验、液体排开法及离心模型试验等。室内进行的渗压试验，不考虑渗流、扩散及盐溶解过程等条件，同时改变了原状地基土中盐分的原始分布形态，试验结果缺乏足够的依据，因此确定的计算参数也不可靠。现场试验虽然反映试验点的实际情况，但现场情况变化大，试验结果具有一定的离散性，且时间成本和经济成本较高。离心模型试验是根据相似理论的几何相似和物理相似条件，模拟土样在地基中的实际情况，并将试验结果转化为现场条件下的真实过程。离心模型试验较好地模拟了渗流、扩散及盐溶解过程，试验结果较为精确。

为了在室内测定盐渍土的潜蚀溶陷变形，苏联水利设计院和地基与地下结构研究院都研制过多种测定盐渍土溶陷变形的仪器，1983 年还颁布了“室内测潜蚀压缩变形的方法”。穆斯塔法耶夫对盐渍土的潜蚀溶陷有较深入的研究，他与 Ф. F.嘎萨诺夫等研究了盐渍土的脱盐过程和矿化度对盐渍土的影响，提出了模拟溶盐和洗盐的数学方法，并且还研究了盐渍土脱盐过程中各种参数的测定方法，开创了用离心模型试验来模拟计算盐渍土潜蚀溶陷变形的新途径。在离心模型研究方面，Ф. M.伊斯麦洛夫也做了许多工作。

我国在盐渍土溶陷特性方面研究较少，但也有一定的成果。1997年，徐攸在提出了一种根据盐渍土含盐量及洗盐后土的干重度判别盐渍土是否具有溶陷性的简易方法，从而可以避免进行室内外的溶陷性试验。李永红等（2002）研究了影响无黏性盐渍土溶陷性的因素。

4. 盐渍土的盐胀

美国学者 H. D.贝莱赛对盐、粉土、黏土的混和料及纯黏土由于环境温度降低时硫酸钠结晶而引起的体积变化进行了研究。研究表明：黏粒种类和数量对盐胀的影响有限，而土体密度和孔隙溶液中盐的溶解度对盐胀的影响较为突出。

我国学者陈肖柏等（1989）研究了甘肃两种重盐土在温度变化过程中的表现，得出如下结论：易溶盐向土体冷端迁移，土壤溶液中的硫酸钠成水和芒硝析出，因而土体膨胀。盐胀率随降温速率、上覆荷载、土的初始密度的改变而变化。在温度反复升降过程中，盐胀量逐渐积累。吴青柏等（2001）研究了含硫酸钠粗粒土降温过程中的盐胀特性，结果表明：粗粒土不具有强烈盐胀特性，然而粗粒土一旦形成硫酸盐聚集层后，遇外来水分，会发生突发性的破坏性盐胀。李宁远等（1989）通过试验研究硫酸盐渍土与初始干密度、含水量、含盐量的关系，提出起胀含盐量及各种路面类型、各种公路等级下的容许含盐量值。徐学祖等（2001）通过对硫酸盐盐渍土盐胀、冻胀的试验研究，揭示了硫酸盐盐渍土的盐胀、冻胀是土性质（土类、初始含水量、初始干密度、含盐量等）和外界因素（温度、压力和补水状况）的函数。含硫酸盐盐渍土盐胀量与初始干密度和初始浓度呈平方关系，冻胀量随初始浓度增大呈抛物线关系增大，随降温速度增大呈平方根关系减小。李宁远等（1989）通过大量的试验研究，得出盐渍土的起胀含盐量与土质和土的压实度有很大关系：采用重型击实标准、压实度为93%时，起胀含盐量为0.2%；采用轻型击实标准、压实度为95%时，起胀含盐量为0.5%。容许含盐量与建筑物的容许盐胀量、当地盐胀深度和土的密实度有很大关系。起胀温度与Na_2SO_4含量、含水量、NaCl含量有关。Na_2SO_4含量大时起胀温度可提高，Na_2SO_4含量小时可降低，Na_2SO_4含量小而含水量大时起胀温度可降低更多。盐胀率与降温速率成幂函数关系，即盐胀率随降温速率的减小以幂函数增大。降温速率对盐胀率的影响还与土的密度和Na_2SO_4含量有关。在含盐量<1%时，降温速率变化对盐胀率几乎没有影响，只有当含盐量≥2%时，降温速率变化对盐胀率才有显著影响。上覆荷载对盐胀如同对冻胀一样具有较强的抑制作用，随着荷载的增加，盐胀率急剧降低，二者的关系曲线可用指数函数表示。新疆交通科学研究院罗炳芳和李志农（2010）通过承担交通部和自治区的重点研究项目，进行了大量的室内外试验，研究盐渍土在降温过程中盐胀率与土体中含盐量、含水量的相互关系。

程东幸等[①]通过室内外试验，对粗颗粒盐渍土盐胀影响因素、起胀条件、盐胀力、化学改良后盐胀变形等进行了研究，认为影响粗颗粒盐渍土盐胀的主要因素与地基土结构的关联最为直接。

5. 盐渍土的腐蚀

盐渍土的主要特点是含有较多的盐，尤其是易溶盐，可使土具有明显的腐蚀性，对建筑物基础和地下设施构成一种较严酷的腐蚀环境，影响其耐久性和安全性。就土的腐蚀性而言，易溶盐影响最甚，中溶盐次之，难溶盐影响较小。同时，土中的盐，除自身具有腐蚀性外，还能增加土的导电性，提高吸湿性等，从而进一步加大土的腐蚀性。

盐渍土的腐蚀性主要分为两类：一是化学腐蚀，即土中的盐与建筑材料发生反应而引起的破坏作用；二是物理结晶性腐蚀，即具有一定矿化度的环境水，在毛细作用下，从墙体潮湿一端进入墙体，由暴露在大气中的另一端蒸发，墙体孔隙中的溶液浓缩后结晶膨胀造成建筑材料的破坏。

大量盐渍土腐蚀性的研究成果，通过对盐渍土地区地下管网、电气接地网、湿度管线钢材、钢筋混凝土电杆的腐蚀性调查，以及对腐蚀机理的研究，总结了双掺高性能混凝土、粉煤灰自密实混凝土的抗腐蚀性能，为盐渍土地区构造物的防腐与维护积累了一定的经验。青海省电力设计院童武等（2013）针对输电线路工程专门编制了国家电网公司企业标准《盐渍土地区输电线路工程基础防腐设计规定》；清华大学王强[②]对盐渍土地质条件下输电线路基础及接地极的耐久性进行了室内试验，提出通过优化胶凝体系、水胶比和胶凝材料用量，可以制备出强度等级低、抗盐渍土侵蚀能力强的混凝土；程东幸等[③]通过在吐哈盆地和准噶尔盆地建立盐渍土地基的盐分迁移场地，研究了粗颗粒盐渍土的水盐迁移特征，提出地下水位埋深浅，长期位于地下水中的基础，地下水位线波动附近，以及水、盐活动强烈区基础的腐蚀程度尤为明显，应加强抗腐蚀措施；刘常青等[④]在青海格尔木典型盐渍土场地埋设 C30 和 C20 混凝土短柱，观察了盐渍土的腐蚀特征。

---

① 程东幸，李哲，许健. 2016. 粗颗粒盐渍土工程性能及防治措施研究.西安：中国电力工程顾问集团西北电力设计院有限公司。

② 王强. 2016. 盐渍土地质条件下输电线路基础及接地极的耐久性研究专题报告. 北京：清华大学。

③ 程东幸，刘志伟，等. 2017. 粗颗粒盐渍土工程性能及其处治措施研究报告. 西安：中国电力工程顾问集团西北电力设计院有限公司。

④ 现场观察交流意见。

6. 盐渍土的数值模拟技术

随着岩土工程数值分析软件的推广使用，盐渍土研究领域的数值分析技术日趋完善。目前，应用于盐渍土岩土工程数值分析的软件主要有 FLAC 2D/3D、ABAQUS、COMSOL Multiphysics 及 ANSYS 等。

1）盐渍土地基盐胀数值模拟技术现状

20 世纪 80 年代初，张蔚榛和张瑜芳（2003）通过研究地下水非稳定流理论，提出了诸多土壤水盐运移模型，并利用有限元及有限差分法进行了数值模拟，为后续盐渍土盐胀数值计算方法的研究奠定了坚实的理论基础。孙菽芬等（1989）对土壤中水盐运动对流扩散方程进行了数值计算，利用省时的一阶精度的特征-分步法及使对流项作保留迎风特性的二阶精度的差分法，对在蒸发条件下土壤盐分向上运动积盐的过程进行了数值模拟，两种计算方法的结果与试验结果吻合较好。黄兴法和曾德超（1993）对不同条件下土壤的水、盐、热运动进行分析后，建立了结冻、未结冻、饱和及非饱和土壤的水热盐耦合运动通用模型，并将二维有限元数值解与试点实测值进行了对比验证。高江平和杨荣尚（1997）在前人研究的基础上，率先提出硫酸盐渍土盐胀率随五因素变化的计算公式，分析了盐胀率的交互作用规律，为后来的多场耦合盐胀数值分析提供了新思路。李春友等（2000）分别从等温和非等温水盐动态模拟及覆盖边界层三个方面，以秸秆覆盖条件下土壤水、热、盐耦合运动规律模拟研究为重点，介绍了 20 世纪 50 年代以来土壤水热盐数学模拟的研究成果，并简要论述了有关模型的特点及今后的发展方向。张军艳和高江平（2008）通过硫酸盐渍土四因素五水平正交试验结果，分析了在降温过程中硫酸盐渍土地区路基水分场、盐分场、温度场及变形场沿试样高度的分布规律，提出了硫酸盐渍土盐胀率的多因素计算公式，进一步揭示了盐胀产生的机理及其相互间的影响过程，为进一步治理盐胀病害提供一定的理论基础。牛玺荣（2006）参考以往对冻土研究取得的水、热、力三场耦合理论成果，利用土壤水盐运移基本规律，推出水分场和盐分场耦合问题的二维控制微分方程；同时还假定盐渍土体为各向同性的弹性体，结合变形场与应力场的控制方程，提出了考虑盐渍土路基盐胀和冻胀两种情形下的二维水、热、盐、力四场耦合方程。庞明等（2007）结合现有盐渍土盐胀等级评判方法与标准，提出以硫酸钠含量、含水量、氯化钠含量、初始干容重和上覆荷载等五因素对硫酸盐渍土盐胀率的单因素作用规律为依据，运用层次分析法确定各因素权重的方法；并结合硫酸盐渍土盐胀特性各因素间交互作用的规律，提出了路基盐胀等级的模糊评判模型。刘军柱等（2008）针对新疆盐渍土地区公路盐胀造成路面大面积纵向开裂的病害现状，提出盐渍土路基盐胀力的数值模拟方法，采用 FLAC 数值分析软件，模拟了盐胀力的大小及其在路基中的传力特性。丁兆民等（2008）将均匀设计方法和冻融循环试验相结合，从土、水、盐、温、力五个方面对粗颗粒盐渍土的盐胀特性进行了深入研究，通过进一步试验和数值仿真计算，分析了路基在冻融条件下的受力与变形特性及稳定性。曹福贵（2009）通过对室内试验路基中温度场、水分场、盐分场以及路表变形进行动态观测，得出了水分场、盐分场、温度场、应力场变化规律；在前人理论的基础上，用计算机自行编制程序对试验路各种工况进行了数值模拟，并结合实测数据对前人的理论公式进行了修正，提出四场耦合修正公式，使修正后的理论公式更符合盐渍土这一特殊工程土。唐好鑫（2012）采用有限元数值模拟分析等方法对硫酸盐渍土路基温度场分布、水盐迁移规律进行了深入研究，分析了路基填料类别和初始含盐量对路基温度分布规律的影响，并结合盐胀敏感温度区间资料，大致划定了盐渍土路基的盐胀敏感位置区间，通过有限元数值模拟分析了路基填料类别和初始含盐量对盐渍土路基水盐迁移规律的影响，以及隔断层材料和设置位置对盐渍土路基水盐迁移规律的影响特性。Chen 等（2012）、王水献等（2012）以盐碱地为研究背景，构建了二维土壤水盐运移数值模型，该模型为模拟淋滤过程中盐分的分布特征提供了一定的参考。Zhang 等（2014）通过建立数值模型模拟水、溶质及热量在容器中的传输规律，从而模拟沿海湿地裸露盐渍土壤因蒸发导致的盐分沉淀现象。蔡晓宇（2015）从盐冻胀机理出发，首先对硫酸盐渍土盐冻胀变形量计算的四场耦合理论进行修正，并将修正后的理论接入 COMSOL Multiphysics 有限元软件中，利用修正后的理论计算试验公路盐渍土路基的盐冻胀变形量，并与实测结果进行对比分析。Geng 等（2015）基于对与密度相关的变饱和地下水流动模型 MARUN 的数值研究，分析了裸含盐层的地下水流和盐分运移蒸发规律。Wang 等（2016）借助 COMSOL 的二次开发模块，模拟了土柱中水盐耦合的传输过程，可预测盐的运移及盐渍土的结晶作用。冯瑞玲等（2017）针对硫酸盐渍土盐胀过程中较为欠缺的四场耦合理论，在已有冻土三场耦合模型的基础上，建立了盐渍土水-盐-热-力四场耦合动力学模型。Zhang 等（2018）使用瞬态有限元法在饱和盐渍土中通过建立一种动态液压-热-盐-机械耦合（HSTM）模型分析了冻结过程中盐渍土中水盐的迁移规律。Guoyao Gao 等基于多孔介质理论，研究了稳态条件下非饱和层状土中热、湿、盐多场耦合问题，从质量守恒和能量守恒方程出发，讨论了非饱和土中水、气、盐的质量守恒方程和能量守恒方程。张莎莎和杨晓华（2012）基于非饱和土渗流和热传导理论，考虑水盐相变对水分场、温度场、盐分场和应力场的影响，分别对已建立的水分场、温度场及盐分场进行满足粗颗粒硫酸盐渍土路基工程特性的修正，进而建立了适用于粗粒硫酸盐渍土路基水、热、盐及力场的耦合微分方程组，并利用 COMSOL Multiphysics 软件建立了盐渍土路基水-热-盐-力四场耦合数值模型，且通过室内大型粗颗粒盐渍土冻融循环试验结果对建立的数学模型的有效性进行了验证。

2）盐渍土地基溶陷数值模拟技术现状

对于盐渍土溶陷的数值分析研究，目前成果相对较少。张国奇等（2016）通过对青海北霍布逊盐湖区地方铁路含盐砂土路基实测沉降数据的分析探究，提出符合本地区运营条件的沉降预测模型。孔祥鑫等[①]针对盐渍土路基上新旧路堤搭接产生的较难解决的不均匀沉降问题，对路基拓宽工程进行数值模拟，分析其沉降及侧向位移的规律，简述了差异沉降产生的原因，揭示出其作用规律。胡海东（2017）结合 ABAQUS 有限元软件，对盐渍土的溶陷、盐胀以及渗流问题进行了模拟计算。Xu 等（2021）通过建立弹塑性数值计算模型，并结合变边界渗流方程，进行了粗颗粒盐渍土浸水载荷数值试验研究。高琰（2019）利用 ANSYS 有限元软件对高含盐饱和细砂区涵洞及过渡段地基模型进行了沉降变形计算，并对其工后沉降进行了分析。

3）盐渍土其他方面数值模拟技术研究现状

数值计算方法除了应用于盐渍土常见的盐胀与溶陷特性研究之外，近年来不少学者开始将数值计算方法应用于盐渍土研究的新领域。Yakirevich（1997）提出裸盐蒸发量计算的数学模型，并利用试验数据对模型的测试结果进行了验证。曾桂林等（2010）通过建立路基的离散元数值模型，模拟了盐渍土路基在荷载作用下的破坏响应特征。王静等（2010）对松嫩平原盐渍土处理前后分别进行常规无侧限抗压试验，分析得出松嫩平原盐渍土无侧限抗压强度与土体中所加物品的类型以及量的多少的关系；同时基于直剪试验，利用 FLAC 3D 对盐渍土无侧限抗压强度进行了数值模拟。赵蒙蒙（2014）运用 ABAQUS 有限元分析方法，对盐渍土 EPS 隔热路基的温度场进行了数值模拟分析。

在公路、铁路等路基沉降及隆起等路害研究方面，杨柳等（2014）通过数值模拟分析对比，研究了改建道路结构及设施在水影响和车辆荷载作用下的应力场值、位移场变化特性。温小平等（2015）为了探索新疆地区机场盐渍土毛细水上升的规律，开展了不同材料隔断层的阻水仿真数值模拟，分析了多种因素对毛细水上升高度的影响规律和不同材料隔断层的阻断性能。赵天宇等（2015）采用回归分析方法建立了硫酸钠溶解度模型，在理想条件下分析计算了降温条件下土体内硫酸钠的结晶量，探讨了硫酸钠结晶量随含盐量、含水率、氯化钠浓度和土体环境温度的变化关系。针对高含盐的采油废水在排放过程中会导致沿线土地发生盐渍化的问题，李绍萃和王利生（2016）介绍了用于描述含盐废水排放所致土壤盐渍化过程的基本数学模型，并对目前用于模拟水盐在土壤中运移的 Hydrus-1D 软件的应用现状和使用方法进行了详细说明。

① 孔祥鑫，杨晓华，张莎莎. 2016. 盐渍土路基土工格室加筋新旧路堤数值模拟分析[J]. 第十四届全国地基处理学术讨论会议论文集。

另外，针对粗颗粒盐渍土地区掏挖基础抗拔承载性能的研究，王学明等（2017）通过数值模拟分析，研究了盐渍土层厚度、盐渍土层状态、基础深径比、水平荷载与上拔荷载比值对抗拔承载力的影响规律。

7. 盐渍土中的水盐迁移模式及机制

土中水盐迁移是一个复杂的过程，学术界对水盐迁移的机理研究还在进行。从已有的文献资料来看，适用于盐渍土在降温过程中水分迁移的原动力假说有以下几种。

（1）毛细管作用假说：该理论认为，水在毛细管作用下，沿土体中的裂隙和土体中的孔隙所形成的毛细管向冷端迁移。这种理论适合于含水量较大的情形。

（2）薄膜水迁移理论：该理论认为水分迁移和重分布的原因是土体降温过程中温度场和水分场的耦合作用，即温度梯度作用下的水分迁移。水分迁移改变了土中原来的水分分布状况，造成土体骨架-水-晶体在空间位置的不均匀分布，改变了土的物理力学性质。薄膜水迁移理论适用于细颗粒盐渍土。

（3）结晶力理论：在盐渍土降温过程中，温度低的一端，硫酸钠的溶解度低，晶体析出得多，硫酸钠从溶液中析出需吸收 10 个结晶水分子，故在晶体析出多的一端，水的含量变少，造成的水力梯度使水分多的一端向水分少的一端迁移。

（4）吸附-薄膜理论：该理论认为，盐渍土中的水分子和离子从比较活跃和水化膜较厚处向着水分子比较稳定和水化膜较薄处移动。

在自然条件下，水分迁移取决于力学、物理、物理化学等因素的综合，上述每一种假说只能代表特定条件下的水分迁移的原动力。

20 世纪 30 年代以来，国内外把能量的观点引入到这个领域，用以解释土的持水性，并进行土的水分动态研究。引进土的势能概念以后，土水势梯度就从数量上和方向上给出了水分迁移的原动力。土水总势等于压力、重力、温度、基质、溶质和电力等构成的分势总和，其中任何一种分势梯度都可以引起水分迁移。

土水势梯度是土中水分迁移的原动力，未冻水迁移是水分迁移的主要方式，而温度是导致土中水相变，制约未冻水含量、土水势的一个主要因素。因此，温度、未冻水含量和土水势是影响水分迁移的三大基本要素。

在盐渍土中离子成分的迁移主要有三种方式。①渗流迁移：水在土中渗流时，盐分随水分一起运动迁移；②扩散迁移：盐分在重力或温度梯度作用下所产生的迁移；③渗流-扩散混合迁移：在降温过程中盐分发生渗流与扩散混合迁移。

渗流-扩散混合迁移的总量可由式（1.1）解释，即

$$I = I_T + I_C + I_P + I_W \tag{1.1}$$

式中，I_T 为由温度梯度所造成的盐分迁移总量；I_C 为由浓度梯度所造成的盐分迁

移总量；I_P为由压力梯度所造成的盐分迁移总量；I_W为由渗透迁移所造成的盐分迁移总量。

20世纪70年代，盐渍土的水盐迁移的研究迅速发展。例如，苏联M. B. 鲍罗夫斯基、V. A. 柯达夫，匈牙利I. 沙波尔斯等学者，在土壤盐渍化过程的定量预报控制等方面皆有突破；阿未良诺夫、艾达洛夫和阿斯兰诺夫等对水作用下土中盐的溶解流失有较多的研究；未里金对盐在土中水渗透过程中的扩散和吸附等参数的确定，提出了室内试验的方法。

我国学者徐学祖等（2001）研究了含盐正冻土的盐分迁移，分别对含氯化钠、碳酸钠和硫酸钠盐土的盐胀和冻胀进行了室内试验。结果表明：土体自上而下冻结过程中，水分和盐分自下而上迁移，含盐量的增量受冷却速度、地下水位、初始溶液浓度和土的初始干密度控制；含氯化钠盐土温度降低时出现冷缩现象；含碳酸钠盐土降温速度为3℃/小时时，盐胀量为零，当降温速度为1℃/小时时，盐胀率可达2%；含硫酸钠粉土盐胀率可达6%，并主要出现在–20～5℃温度区间。邱国庆等（1986）揭示了溶液单向冻结时，由于水的结晶作用，盐分向未冻溶液方向迁移，迁移量与冻结速度和初始浓度有关，高水化能的盐类更有助于抑制冻胀。姚德良和李新（1999）对一维非饱和土壤建立了水盐运动的数值模型。张立新和韩文玉（2003）研究含硫酸钠盐渍土未冻水含量，发现未冻水含量受初始含水量及初始溶液浓度的影响不大，随初始含水量增大略有增大，随初始溶液浓度增大而略有减小。温小平等（2015）对新疆粗颗粒盐渍土毛细水上升和隔断层隔断效果进行了研究。唐好鑫（2012）对新疆硫酸盐渍土地区路基温度和水盐运移规律进行了研究。吴爱红等（2008）对盐渍土机场毛细水迁移进行了试验研究。本书作者在准噶尔盆地建立了盐分迁移监测场地，通过观测发现：地基土中的易溶盐随季节变化非常明显，夏季由于雨水较多，地基土中易溶盐遇水融化下沉或者被水带走，含量明显要低；而冬季随着雨水减少，温度降低，温差的存在及土体中上层毛细作用的增强，地表土体冷端含盐量增高。

8. 盐渍土的地基处理技术

盐渍土地基在苏联分布很广，随着盐渍土地区的开发和建设，在20世纪40年代起就有很多专家学者，如B. B. 巴甘诺夫、H. A. 催托维奇、B. П. 别特鲁辛、B. B. 米海耶夫、A. A. 穆斯塔法耶夫、M. Ю. 阿别列夫等，对盐渍土的物理和力学性质，以及盐渍土作为建筑地基的工程特性进行研究，取得了丰硕的研究成果，并提出了相关的设计和施工措施。戛萨诺夫等利用工业废料、矿化水等对盐渍土地基进行化学改良，采用预浸水法进行地基处理。巴甘诺夫提出了采用各种类型的灌注桩和预制桩对盐渍土地基进行处理。特鲁辛对盐渍土地基的各种处理方法进行了全面的概括和说明。

我国从 20 世纪 60 年代起，开始研究盐渍土的一些特点及其对工程的影响。对盐渍土地基的大量试验研究和工程实践开始于 20 世纪 70 年代，铁道部第一设计院、铁道部科学研究院西北研究所和铁道建筑研究所等对察尔汗盐湖地区的盐渍土的工程特性、对路基的危害以及对盐渍土地基的处理措施等进行了试验与研究。另外，青海、新疆、甘肃等地的建筑、铁道和交通等部门也都结合当地的工程问题，对盐渍土地基的处理技术进行过研究。

20 世纪 80 年代以后，随着我国对盐渍土地区的开发和建设的需要，铁道、交通、石油、建筑等部门联合勘察、设计和施工单位对盐渍土的工程性质和工程处理等方面进行了更为广泛和系统的研究，提出了防治盐渍土地基溶陷、盐胀和腐蚀的设计方案和具体的施工措施，积累了许多有益的实践经验。

1.5.2　粗颗粒盐渍土研究现状

对于盐渍土，目前大多数文献都集中于粉黏类土的研究上，而对于其他不同粒径的盐渍土，研究成果较少，其工程性能的评价主要参照粉黏粒土的标准。目前，还很少有针对粗颗粒盐渍土的地层结构、骨架颗粒含量、易溶盐分布特征等提出的评价体系。

国内最早对粗颗粒盐渍土工程性能进行探讨的是新疆石油勘探局勘察设计研究院的高树森和师永坤（1996），他们认为采用 d<2mm 粒组的含盐量数据，对碎石类土地基进行盐渍化评价，缺乏实践和理论依据，建议采用碎石类土的含盐量进行评价。冶金部建筑设计研究总院的徐攸在（1997）认为，仅用含盐量评价盐渍土的工程特性是不全面的。中国市政工程西北设计研究院的华遵孟和沈秋武（2001）对西北内陆盆地粗颗粒盐渍土进行了研究，对西北内陆盆地粗颗粒盐渍土的成因、赋存性态、分布规律、工程危害、影响因素及地基处理与防治措施进行了全面初步的探讨。新疆公路学会的罗炳芳和潘菊英（2005）对粗颗粒盐渍土易溶盐含量的测定提出了新的方法。长安大学张莎莎（2007）对路用粗颗粒盐渍土的盐胀特性进行了研究，认为影响粗颗粒盐渍土盐胀变形特性的主要控制因素是含盐量和含水量。陈高锋（2014）通过试验，对粗颗粒盐渍土富集层对地基土盐胀的影响进行了研究。2011～2016 年，程东幸等通过室内外试验，研究了地层结构、易溶盐含量、骨架颗粒组成等对粗颗粒盐渍土溶陷、盐胀等工程性能的影响。

第 2 章　粗颗粒盐渍土的工程病害

盐渍土对工程建设的危害是多方面的。据不完全调查统计，每年因此造成的直接经济损失可高达上亿元。盐渍土地基对工程的危害主要是由其浸水后的溶陷、含硫酸盐地基的盐胀和盐渍土地基对基础和其他地下设施的腐蚀等造成的。此外，盐渍土地区所用的工程材料（如砂、石、土等）和施工用水中，常含有过量的盐类，也对工程建设造成一定的危害。

2.1　粗颗粒盐渍土的病害类型

粗颗粒盐渍土地基病害主要包括浸水后的溶陷、含硫酸盐地基的盐胀及盐渍土地基对基础和其他地下设施的腐蚀等三大类型。

1. 腐蚀病害

我国盐渍土中多以氯盐和硫酸盐为主，这两类盐也是决定盐渍土腐蚀性的关键因素，所以常把腐蚀性破坏分为这两种盐的腐蚀。其中，氯盐对金属有强烈的腐蚀作用，特别是对钢铁；硫酸盐对混凝土、黏土砖的腐蚀作用强烈，对金属（钢铁）也有腐蚀作用，但不及氯盐对金属腐蚀作用强；硫酸盐与氯盐同时存在时，硫酸盐腐蚀性更大。电力工程中，腐蚀病害多见于杆塔基础中，以与地表接触处腐蚀破坏最为严重，如图 2.1 至图 2.3 所示。

图 2.1　盐湖中线路杆塔的腐蚀

图 2.2 埋设于盐渍土中的混凝土块

图 2.3 基础地表的腐蚀破坏

2. 溶陷病害

盐渍土的盐分遇水溶解后，土的物理性质和力学性质指标均会发生变化，强度会明显降低。同时，盐的溶解产生地基溶陷，由此产生的收缩变形会造成建筑物的破坏。盐渍土的溶陷病害在输电线路工程中较为少见，多见于变电工程和发电工程中，表现为基础的沉降和拉裂破坏（图 2.4）。

图 2.4 某建筑物盐渍土地基遇水沉降后房屋的破坏照片

3. 盐胀病害

土层中的硫酸盐含量过大，在温度或湿度发生变化时，会产生体积膨胀，对建筑物基础等产生破坏，尤其是对胶结型盐渍土地层，破坏程度更为明显。根据盐渍土地基危害调查资料可知：盐胀主要在地面以下一定深度范围内发生，一般只对基础埋深较浅的建筑物构成威胁（图 2.5）。

图 2.5　盐渍土盐胀产生的铁塔混凝土底座开裂

2.2　粗颗粒盐渍土的病害特征

粗颗粒盐渍土的病害特征，与其病害机理紧密相关，是病害类型的客观反映。总的来说，病害可总括为三大特征，即：腐蚀引起的剥蚀破坏、差异沉降引起的拉裂破坏、重复性胀缩引起的建（构）筑物结构破坏等。

1. 剥蚀破坏

剥蚀破坏主要是由地基土中易溶盐与建筑材料发生化学、物理反应而引起的破坏作用。破坏形式主要表现为混凝土材料的开裂、基础表面的剥落、构件中钢筋的锈蚀等。

大量调研发现，盐渍土中混凝土材料的剥蚀破坏，主要有如下几个方面的特征：①剥蚀破坏严重区主要分布在水热交换强烈的地表部位（图 2.6、图 2.7），干旱区盐渍土的腐蚀性明显要弱于潮湿区；②水热交换强烈部位涂防腐材料或者采取防护措施，可有效减弱剥蚀破坏作用（图 2.8、图 2.9）；③埋置于盐渍土中的混凝土材料，有效减弱了水热交换对材料腐蚀的影响，剥蚀破坏程度明显降低（图 2.10、图 2. 11）。

图 2.6　粗颗粒盐渍土干燥环境下剥蚀破坏严重区

图 2.7　粗颗粒盐渍土潮湿环境下剥蚀破坏严重区

图 2.8　涂防腐材料后防腐效果

图 2.9　包裹玻璃布基础的防腐效果

图 2.10　开挖埋置于盐渍土层中的混凝土块

图 2.11　埋置于粗颗粒盐渍土层中混凝土块的腐蚀效果

图 2.6 和图 2.7 分别是埋置于潮湿和干燥环境下粗颗粒盐渍土层中的混凝土基础，图中基础的剥蚀破坏区均位于地表水热交换强烈部位，而且表现为潮湿环境下的剥蚀破坏效果更为明显。

图 2.8 和图 2.9 是分别刷防腐漆和包玻璃布的混凝土基础，其中，图 2.8 与图 2.7 处于同一环境中，图 2.9 与图 2.7 所处环境相近，但剥蚀破坏结果差异很大，可见在水热交换活动强烈区进行相应的防腐措施，可明显增强基础的抗剥蚀破坏能力。

图 2.10 和图 2.11 是青海某单位于 2009 年埋置于深 50cm 地表下粗颗粒盐渍土中的混凝土块，于 2016 年挖出后，混凝土块表面的破裂程度和剥蚀作用都不明显。这说明，在相对隔绝的环境下，易溶盐的物理、化学作用都明显减弱，剥蚀破坏程度降低。

2. 拉裂破坏

拉裂破坏主要是地基土遇水发生溶蚀、潜蚀作用，致使地基土发生沉陷引起的破坏作用。破坏形式主要表现为地基与基础间的开裂、地平面拉裂，以及基础倾斜或不均匀沉降等。

通过分析众多溶陷病害实例可知，粗颗粒盐渍土溶陷引起的拉裂破坏主要有如下两方面的特征：①破坏形式多以浅基础基底与建（构）筑物基础间开裂为主（图 2.12、图 2.13），轻者可使地平面开裂（图 2.14），重者可与地基土一起发生沉陷，引起上部建（构）筑物的结构发生损伤；②溶陷引起的建（构）筑物的病害形式，多以“斜裂纹”为主（图 2.15、图 2.16），主要与基础的不均匀沉降有关。

3. 结构破坏

结构破坏主要是硫酸盐盐渍土地基在地温、水的交替变化过程中，地基土胀缩引起的建（构）筑物结构形式的损坏（图 2.17、图 2.18）。硫酸盐地基土的重复性胀缩可疏松其结构强度，使上覆建（构）筑物基底受力发生交替变化，影响安全性和整体稳定性。

图 2.12　盐渍土地基遇水，地基与基础间开裂破坏

图 2.13　盐渍土地基遇水，基础拉裂破坏

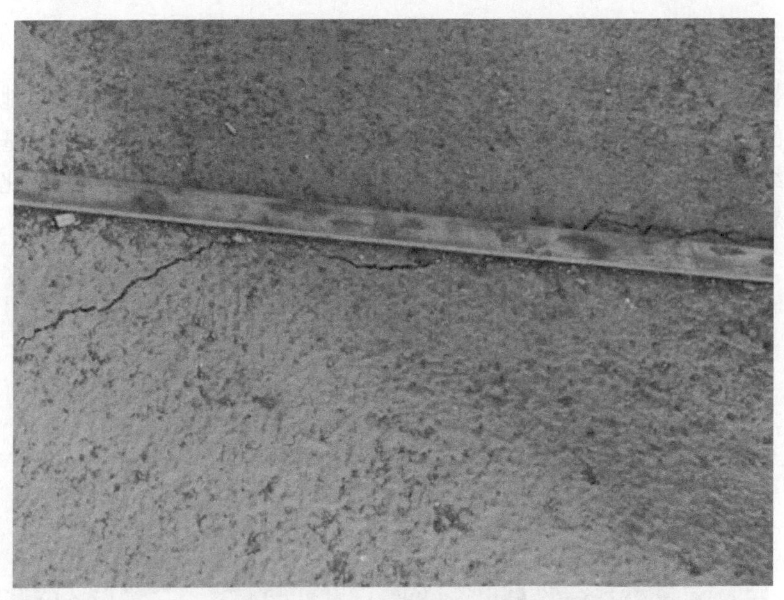

图 2.14　盐渍土地基遇水，沉降建（构）筑物地平面开裂

图 2.15　粗颗粒盐渍土溶陷引起的破坏病害

图 2.16　粗颗粒盐渍土溶陷引起的破坏病害

调研发现，粗颗粒盐渍土胀缩变形引起的建（构）筑物结构破坏形式主要表现为：①对建（构）筑物工艺系统产生影响，破坏系统整体稳定性；②破坏建（构）筑物的使用功能，影响系统安全性。

图 2.17　某道路的盐胀照片

图 2.18　某开关站盐胀变形

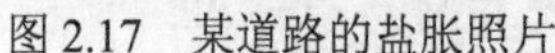

第 3 章　粗颗粒盐渍土的基本物理力学特性

3.1　粗颗粒盐渍土的基本组成

对于非盐渍土来说，其三相是由气、水、土颗粒组成的。虽说粗颗粒盐渍土也由这三相组成，但是，其三相体与非盐渍土不同，其液相实质上不是水，而是一种盐溶液，其固相除土的固体颗粒外，还有不稳定的结晶盐。

统计甘肃河西走廊、新疆吐哈盆地、准噶尔盆地等地区建设的电力工程项目地基土颗粒分析资料（图 3.1，表 3.1）可知：粗颗粒盐渍土三相组成中骨架颗粒占有较大的比例，一般大于 2mm 样的比例占 60%左右。在评价粗颗粒盐渍土特性时，随着骨架颗粒比例的变化，盐渍土的含盐量、工程性能等也有明显的差异。

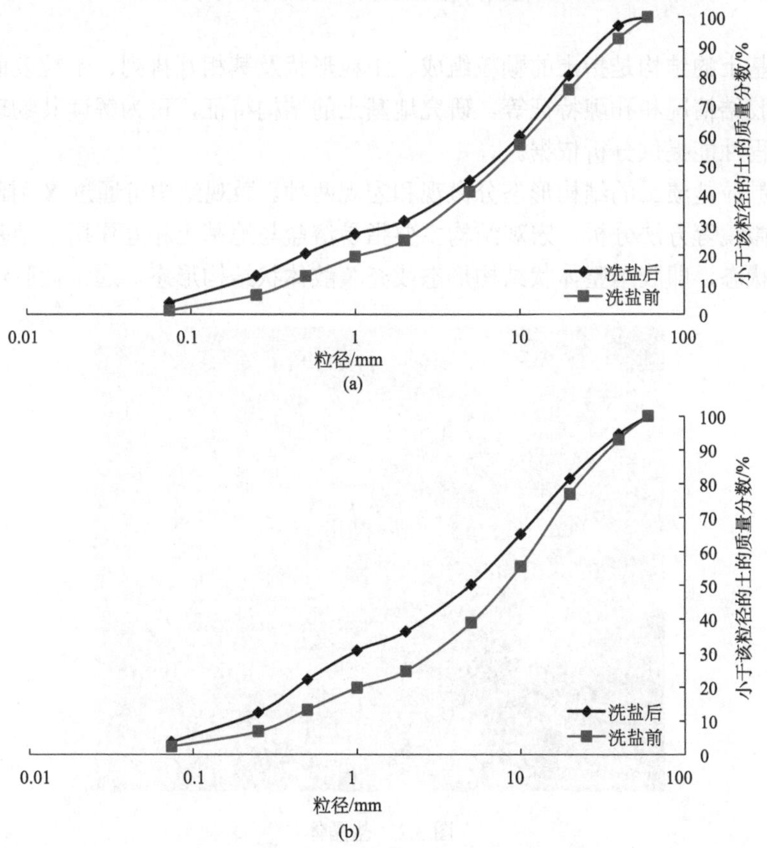

图 3.1　洗盐前后粗颗粒盐渍土的粒径级配

表 3.1　粗颗粒盐渍土颗粒组成及含盐量

工程名称	颗粒组成/%										易溶盐含量/%
	>40mm	40～20mm	20～10mm	10～5mm	5～2mm	2.0～1.0mm	1.0～0.5mm	0.5～0.25mm	0.25～0.075mm	<0.075mm	
常乐电厂	0	0.78	6.1	13.35	25.35	7.95	26.2	14.33	4.84	1.11	0.3～3.0
鄯善库姆塔格热电厂	15.08	14.52	17.2	19.6	8.52	9.65	7.48	6.47	1.4	0.08	0.3～36.64
神火动力站工程	0	2.6	12.0	20.5	16.9	10.5	12.7	11.09	5.7	8.01	0.3～4.15
哈密大南湖电厂	7.3	12.1	14.0	13.4	14.4	13.6	12.2	6.2	3.1	3.7	0.3～24.44
准东某电厂	0	6.1	11.6	20.2	23.0	10.2	21.7	4.7	1.3	1.2	0.3～1.47

3.2　粗颗粒盐渍土的结构特性

地基土的结构是指土的颗粒组成、土粒形状及其相互排列、土粒表面特征、土粒间胶结情况和孔隙特征等。研究地基土的结构特征，可为解读其物理力学特性及工程性能提供分析依据。

粗颗粒盐渍土的结构形态分微观和宏观两种。微观结构可通过 X 射线、扫描电子显微镜等方法分析。宏观结构主要指易溶盐与地基土相互作用下地基土呈现的宏观状态，即胶结整体状结构形态或充填散体状结构形态。通常盐胶结型结构

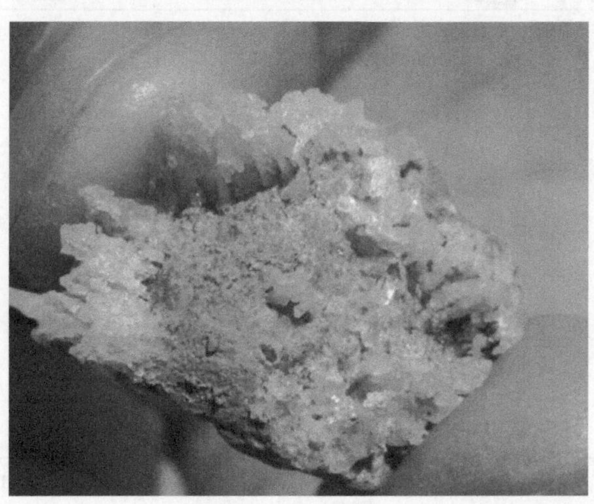

图 3.2　盐晶体

主要指地基土颗粒被盐胶结在一起，成整体状，地层常以半成岩的形态出现，表现为渗透性弱、承载性能高，这类地基土在吐哈盆地一带分布广泛；盐充填型结构主要指地基土颗粒间连接性比较低，颗粒常成散体状，盐分以晶体形式包裹在颗粒周围（图 3.2），地基土渗透性强，遇水常常会发生大的变形，承载性能差。盐胶结结构粗颗粒盐渍土和盐充填结构粗颗粒盐渍土的典型照片如图 3.3 和图 3.4 所示，其特征见表 3.2。

图 3.3　盐胶结型粗颗粒盐渍土

图 3.4　盐充填型粗颗粒盐渍土

表 3.2　粗颗粒盐渍土地层结构对场地工程性能的影响

工程名称	地层结构	渗透性系数/（cm/s）	承载力特征值/kPa	场地溶陷系数
常乐电厂	盐充填结构	8.2×10^{-3}	144	0.0121
鄯善库姆塔格热电厂	盐胶结结构	2.71×10^{-7}	460	0.0043
神火动力站工程	盐充填结构	9.7×10^{-4}	146	0.022

3.3　粗颗粒盐渍土的水理特性

3.3.1　透水性

土的透水性指土体透过水的能力，土可以透水的根本原因在于土体本身具有相互连通的孔隙，水沿着这些相互连通的孔隙通路流过，溶解或潜蚀土中的盐分，进而影响盐渍土的工程性能。

对粗颗粒盐渍土来讲，透水性能的强弱与地层结构特征紧密联系。盐胶结型盐渍土地层结构致密，地基土颗粒被盐溶液或盐晶体完全充填，没有连通的孔隙或水的运移通道，透水性能非常弱，通常渗透系数为 10^{-7}～10^{-5} cm/s；而盐充填型盐渍土盐晶体主要包裹在骨架颗粒周围，不论是密实的还是松散的地基土，其骨架颗粒之间不存在胶结作用，以散体的形式存在，因此，地基土中存在连通的孔隙通道，具备地下水运移的条件，透水性能非常强，渗透系数通常为10^{-3}～10^{-2} cm/s。

3.3.2 毛细性

土的毛细性是指水通过土的毛细孔隙受毛细作用向各方向运动的性能。影响粗颗粒盐渍土毛细性的因素主要为粒度成分和水溶液的化学成分。试验结果统计发现，粗颗粒盐渍土的毛细上升高度随粒径的增大而降低；随着水溶液中无机盐浓度的增大，毛细水上升的高度明显降低。

李自详（2012）通过室内试验对粒径 2～60mm 的角砾（土质 1）、粒径 0.075～2mm 的砂砾（土质 2）及粉质黏土（土质 3）进行了水盐迁移试验研究（图 3.5），发现地基土粒度越粗，毛细水达到最大高度的时间越短，且高度越小。程东幸等①在新疆准噶尔盆地通过建立粗颗粒盐渍土区“地基土盐分迁移监测试验点”（图 3.6），动态监测了粗颗粒盐渍土在毛细作用下的盐分迁移特征（图 3.7），结果显示：在夏季，雨水较广，易溶盐易被溶解带走或者随水下渗，地表易溶盐含量降低，而冬季随着温度降低，地表毛细作用增强，易溶盐向冻结封面迁移，地表易溶盐含量明显增加。

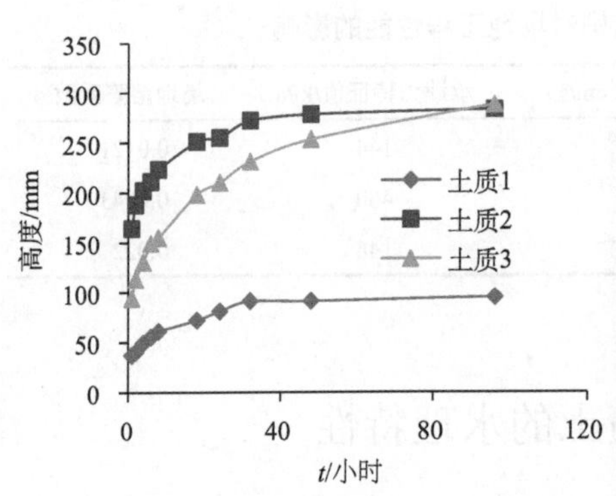

图 3.5 不同土质水盐迁移结果

图 3.6 地基土盐分迁移监测照片

粗颗粒盐渍土盐分迁移能力的强弱及其水、盐活动性，在电力工程中的病害主要表现在基础与地面接触范围内的腐蚀性，水、盐活动能力越强，这种病害就会越严重（图 3.8）。

① 程东幸，刘志伟，等. 2017. 粗颗粒盐渍土工程性能及其处治措施研究报告. 西安：中国电力工程顾问集团西北电力设计院有限公司。

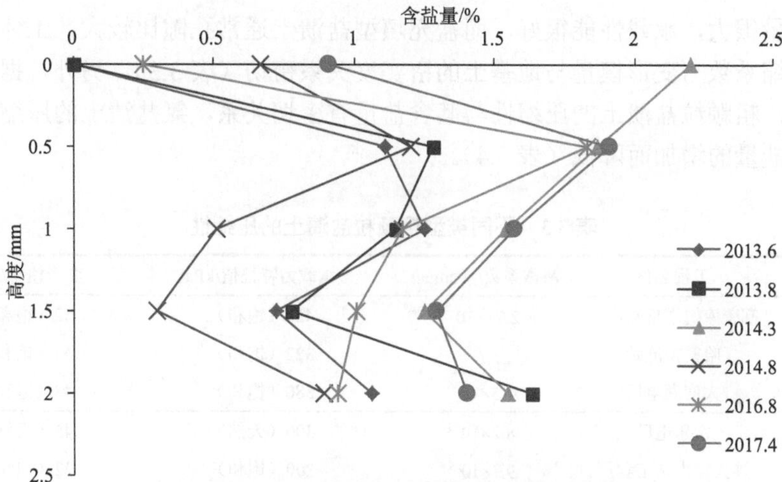

图 3.7　粗颗粒盐渍土在毛细作用下的盐分迁移

图 3.8　水、盐强烈活动性对基层的腐蚀

3.4　粗颗粒盐渍土的力学特性

3.4.1　压缩性

粗颗粒盐渍土的压缩性指标与一般土一样，也是用压缩系数、压缩模量和变形模量来表示。对于盐胶结型盐渍土，地基土呈半成岩状态，压缩系数非常小，

变形模量很大，承载性能很好，而盐充填型盐渍土通常孔隙比较大，土体结构松散，压缩系数与变形模量与地基土的密实度关系密切（表 3.3）。另外，据一些试验资料，粗颗粒盐渍土的压缩性与其含盐量有密切关系，氯盐渍土的压缩系数随土中含盐量的增加而降低（表 3.4）。

表 3.3　不同类型粗颗粒盐渍土的压缩性

类型	工程名称	渗透系数/（cm/s）	承载力特征值/kPa	变形模量/MPa
盐胶结型	鄯善库姆塔格热电厂	2.71×10^{-7}	460（饱和）	52（饱和）
	哈密换流站	/	322（饱和）	43（饱和）
	大南湖电厂	1.5×10^{-6}	380（饱和）	48（饱和）
盐充填型	常乐电厂	8.2×10^{-3}	300（天然）	45（天然）
	神火动力站工程厂	9.7×10^{-4}	300（饱和）	22（饱和）
	准东某电厂	5.6×10^{-3}	250（饱和）	10.1（饱和）

表 3.4　压缩系数与含盐量的关系

NaCl/%	试件含水量/%	试件密度/（g/cm^3）	压缩系数/（MPa^{-1}）
0	16.58	1.61	0.45
1	16.48	1.61	0.54
3	16.05	1.64	0.45
5	16.83	1.67	0.44

3.4.2　抗剪强度

粗颗粒盐渍土强度与其含盐量、颗粒组成及含水量等有密切的关系，其强度参数的确定一直受试验条件的影响，难以获得准确值，工程上常以粗粒土的经验参数为借鉴。实际上，粗粒土取值中常常忽略了地基土的黏聚力，即强度参数取值时黏聚力一般为零，这样则忽视了盐渍土地基中充填细粒土及盐分胶结的作用，使得工程设计时难以充分体现地基土的强度特性，进而增加了因结构措施或地基处理措施而产生的工程费用。然而，随着西部大开发的快速推进，在新疆、青海及甘肃等粗颗粒盐渍土分布广泛的区域建设的大量电力、铁路/公路工程，都将面临强度参数取值的问题，因此，参数的合理性成为众多学者和工程师质疑和关注的焦点。目前，鲁先龙等对戈壁卵石、碎石土的强度参数进行了现场直接剪切试验研究；张莎莎和杨晓华（2012）通过室内试验，对粗颗粒盐渍土进行了冻融循环剪切试验；郭菊彬等（2006）通过室内试验，研究了含盐量、含水量与盐渍土强度的关系；刘军勇和张留俊（2014）通过正交试验，研究了不同含盐量对地基土强度参数的影响，等等。但是，这些室内外试验，都没有把握住粗颗粒盐渍土强度参数取值中的核心内容，即区分该类盐渍土是盐胶结型的还是盐充填型的。盐胶结型和盐充填型盐渍土在结构形态、颗粒间作用力及地基土状态方面存在较大差异，因此，在研究盐渍土时应区别分析和对待。

作者通过实例，对局部存在弱胶结的盐渍土地层进行了现场直接剪切试验和室内重塑样的剪切试验，并对两种工况的抗剪强度取值结果进行了对比分析。

1. 现场试验

1）试验场地及试验点

试验场地位于甘肃省酒泉市瓜州县东北约 80km 处，地貌单元属祁连山山前洪积倾斜平原（戈壁荒滩），场区地势开阔，地形有一定起伏。试验区场地地层岩性上部为第四系冲洪积的砾砂层和角砾层，下部为古近系和新近系基岩。其中第四系地层的厚度大于 15m，骨架颗粒粒径一般为 2～10mm，充填物以粉细砂和黏性土为主，地基土中的易溶盐含量为 0.49%～1.45%，地基土局部存在盐胶结特征，是盐胶结和盐充填的混合型盐渍土场地。

现场试验主要在局部盐胶结的角砾层中选择 3 组试验点进行，各试验点的编号为 τ_1、τ_2 和 τ_3，各试验点的工况见表 3.5。

表 3.5　试验点参数

试验点编号	地层岩性	试坑深度/m	地基土状态	试样尺寸（长×宽×高）/（mm×mm×mm）
τ_1	角砾	1.2	稍湿、密实，局部胶结	550×550×300
τ_2	角砾	0.8	稍湿、中密，局部胶结	550×550×300
τ_3	角砾	0.8	浸水饱和、中密，局部胶结	550×550×300

2）试验工况及控制指标

现场试验采用应力控制式平推法，试验仪器主要包括千斤顶、剪切盒、位移计、传力柱、滚轴排等，现场剪切试验如图 3.9 至图 3.11 所示。每组试验各包括 5 个点，间距均大于试样边长，分别施加 50kPa、100 kPa、150 kPa、200 kPa 和 300 kPa 的法向荷载后施加水平剪切力，水平剪切力按预估最大剪切荷载分 8～12 级施加。

根据相关试验规程要求，当剪切位移达到试样边长的 10%时，试验结束，当剪切荷载无峰值时，可将剪切位移达到试样边长的 10%的剪切荷载作为破坏值。

图 3.9　原状样试验点

图 3.10　剪切仪器安装

图 3.11　现场剪切试验

3）试验结果

依据库仑公式 $\tau=f\times\sigma+c$，由地基土正应力-剪应力散点图，按图解法确定地基土的黏聚力（c）和内摩擦角（φ），试验结果见表 3.6 及图 3.12 至图 3.17。

试验结果表明：盐胶结型粗颗粒盐渍土强度参数的变化主要表现在黏聚力上，胶结程度越强，黏聚力越大，地基土的抗剪性能越好。

表 3.6　盐胶结型粗颗粒盐渍土地基抗剪强度参数

试验点编号	f	φ /（°）	c/kPa
τ_1	0.782	38.0	81
τ_2	0.675	34.0	75
τ_3	0.674	34.0	43

2. 室内试验

取本节所述现场试验点土样（图 3.18）3 件，按场地相应地层密度、含水率等配置室内重塑样，试样编号分别为 TK1、TK2、TK3（分别对应 τ_1、τ_2、τ_3 试验点）。采用应力控制式直剪仪（图 3.19）进行剪切试验。试验结果如图 3.20 至图 3.25 和表 3.7 所示。

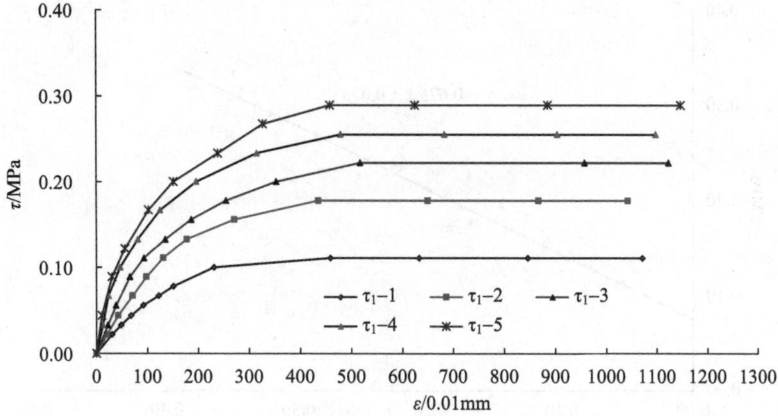

图 3.12　τ_1 试验点抗剪试验 τ-ε 曲线图

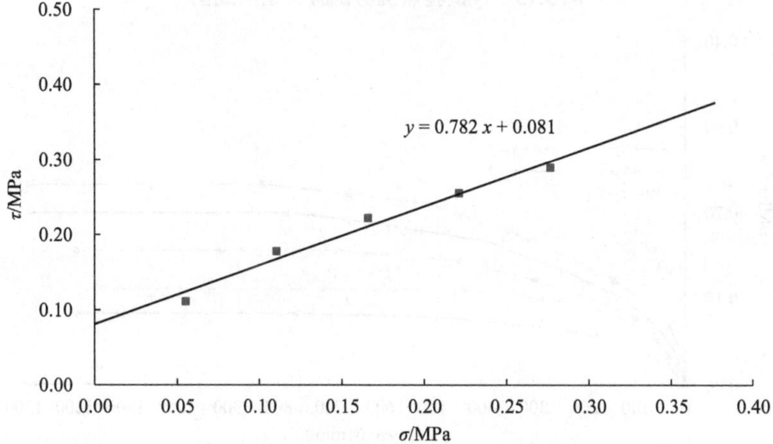

图 3.13　τ_1 试验点抗剪试验关系曲线图

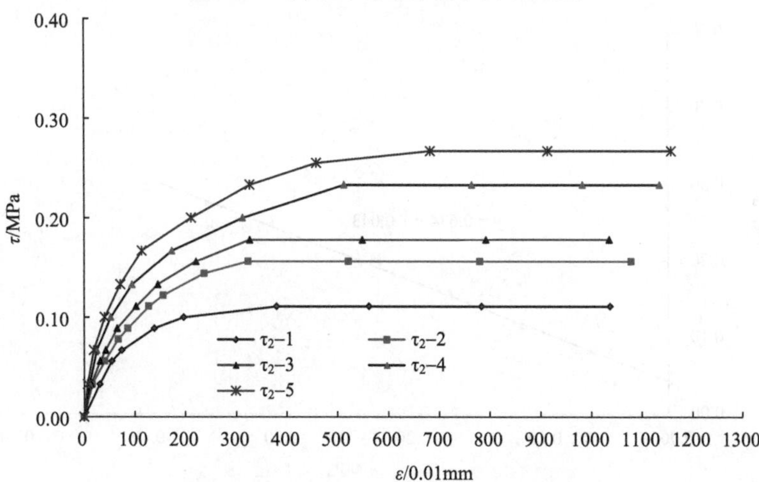

图 3.14　τ_2 试验点抗剪试验 τ-ε 曲线图

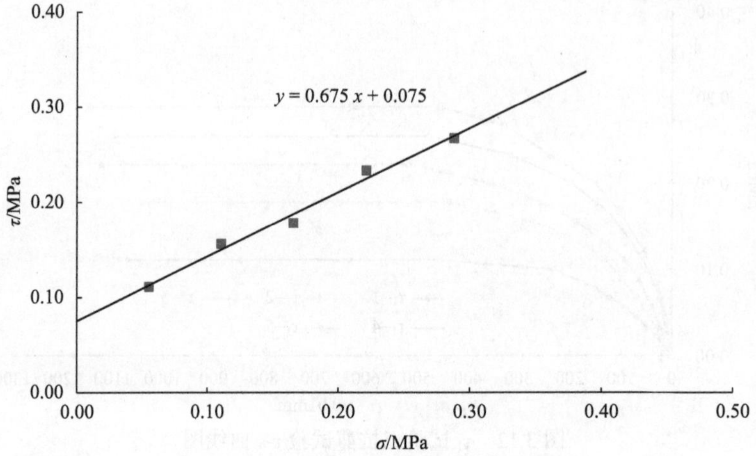

图 3.15　τ_2 试验点抗剪试验关系曲线图

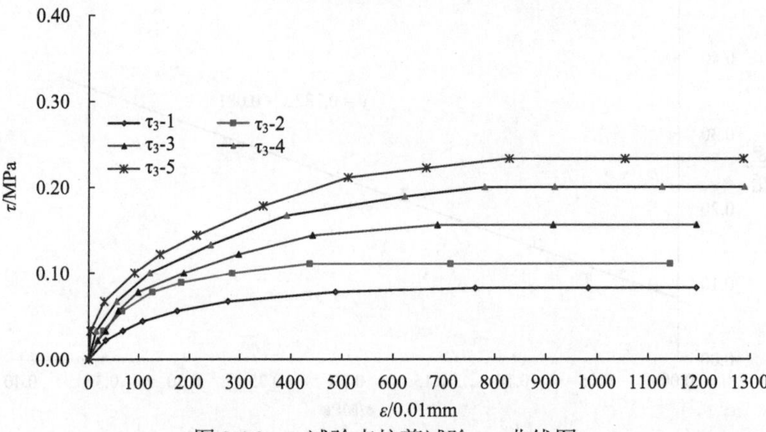

图 3.16　τ_3 试验点抗剪试验 τ-ε 曲线图

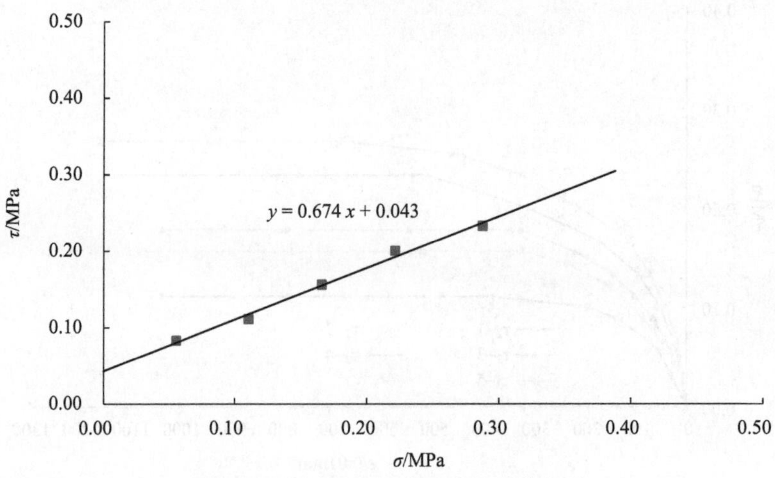

图 3.17　τ_3 试验点抗剪试验关系曲线图

图 3.18　采取试样

图 3.19　室内直剪仪器

表 3.7　盐充填型粗颗粒盐渍土地基抗剪强度参数

试样编号	φ / (°)	c/kPa
TK1	38.0	16
TK2	37.3	9
TK3	33.5	9

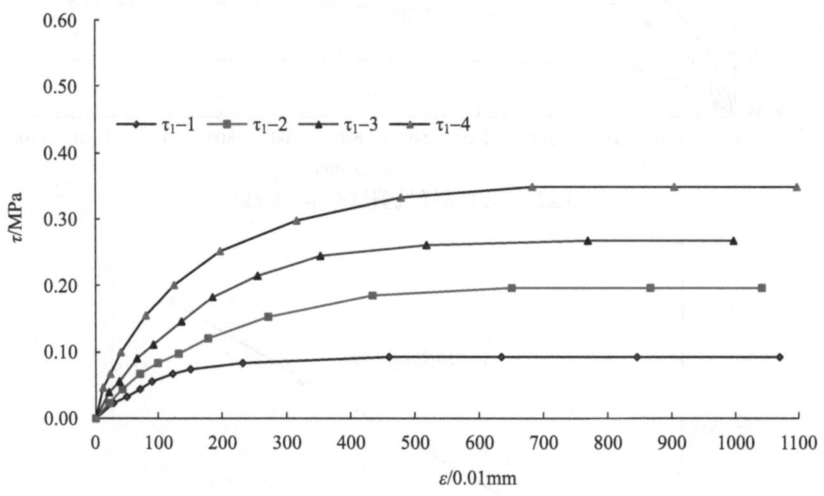

图 3.20　TK1 试样抗剪试验 τ-ε 曲线图

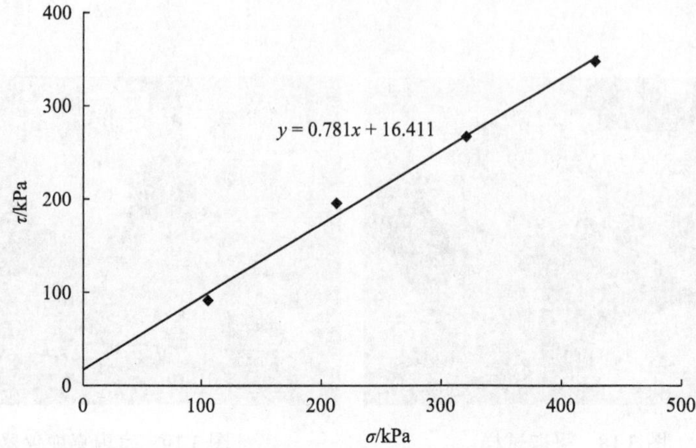

图 3.21　TK1 试样抗剪试验关系曲线图

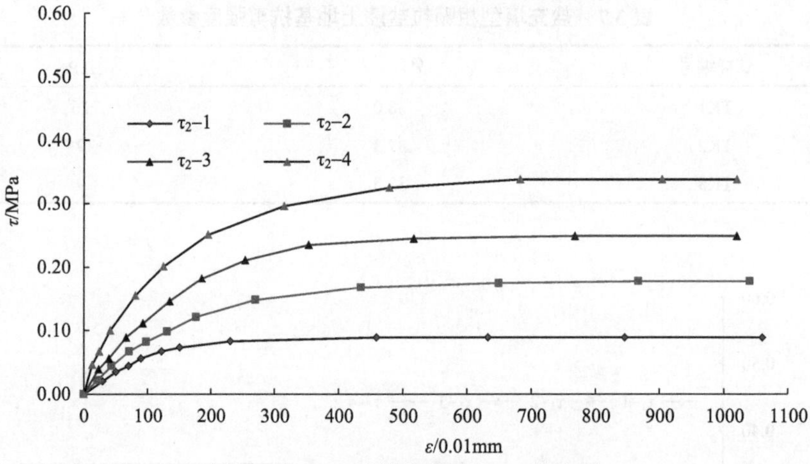

图 3.22　TK2 试样抗剪试验 τ-ε 曲线图

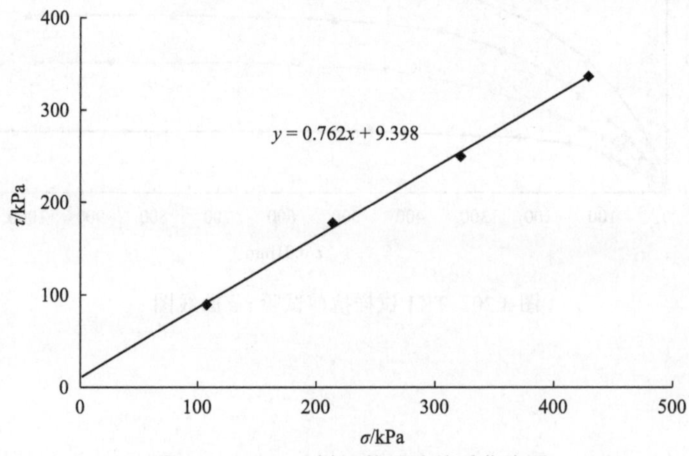

图 3.23　TK2 试样抗剪试验关系曲线图

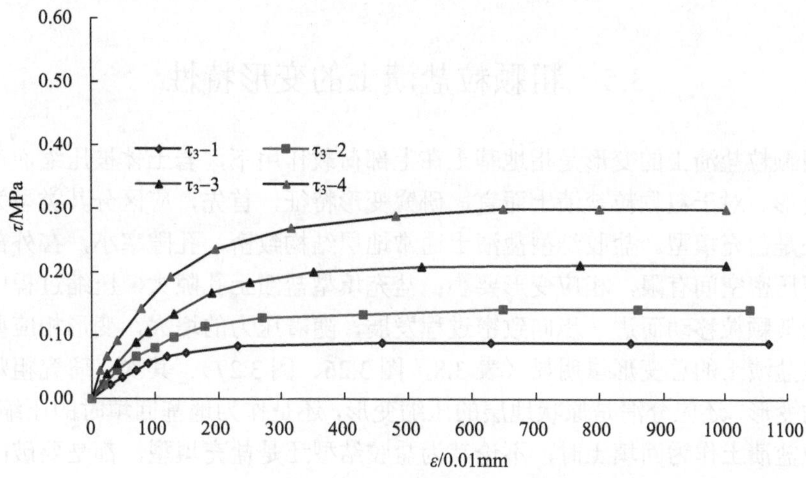

图 3.24　TK3 试样抗剪试验 τ-ε 曲线图

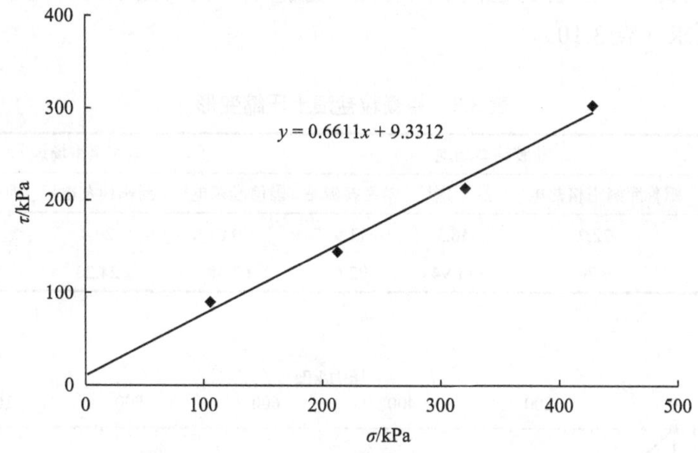

图 3.25　TK3 试样抗剪试验关系曲线图

现场试验相当于盐胶结型粗颗粒盐渍土的剪切试验，室内试验相当于盐充填型粗颗粒盐渍土的剪切试验。两种类型的试验是在骨架颗粒含量、易溶盐含量、密实度、含水率等工况类似，而地层结构不同的情况下进行的。试验表明：盐胶结型粗颗粒盐渍土和盐充填型盐渍土的内摩擦角差异不大，强度参数的区别主要在黏聚力上，而且这种差异随着胶结程度的增强会加大。因此，在实际工程建设中，对粗颗粒盐渍土结构类型的正确认识，不仅可为地基土力学参数的确定提供指导，还将为建（构）筑物的合理设计和投资成本控制提供依据。

3.5　粗颗粒盐渍土的变形特性

粗颗粒盐渍土的变形是指地基土在上部荷载作用下，岩土体被压缩而产生的相应变形。对于粗颗粒盐渍土而言，研究变形特征，首先，应区分其类型为盐胶结型还是盐充填型。盐胶结型盐渍土通常地层结构致密、孔隙率小，在外部荷载作用下压密空间有限，相应变形要小；盐充填型盐渍土孔隙大，压缩过程中容易产生骨架颗粒移动而进一步向致密过程发展，随着压力的增大，变形相应要比盐胶结型盐渍土的总变形量明显（表 3.8，图 3.26、图 3.27）。其次，研究粗颗粒盐渍土的变形，还应分清是原状地层的压缩变形，还是作为地基回填时的压缩变形。粗颗粒盐渍土作为回填土时，不论其为盐胶结型还是盐充填型，都是要破碎为散体结构进行分层碾压的。通常状态下粗颗粒盐渍土级配都属于一般或不良的土（表 3.9），因此，在压密的过程中只有控制好施工工艺（图 3.28、图 3.29），才能达到压密要求（表 3.10）。

表 3.8　粗颗粒盐渍土压缩变形

参数	盐胶结型场地			盐充填型场地		
	鄯善库姆塔格热电厂	红星电厂	哈密换流站	国信准东电厂	新疆信友电厂	神火动力站工程
变形模量/MPa	72.7	56.5	11.9	9.0	20.4	22.4
竖向变形/mm	6.26	11.94	22.6	63.48	24.20	19.19

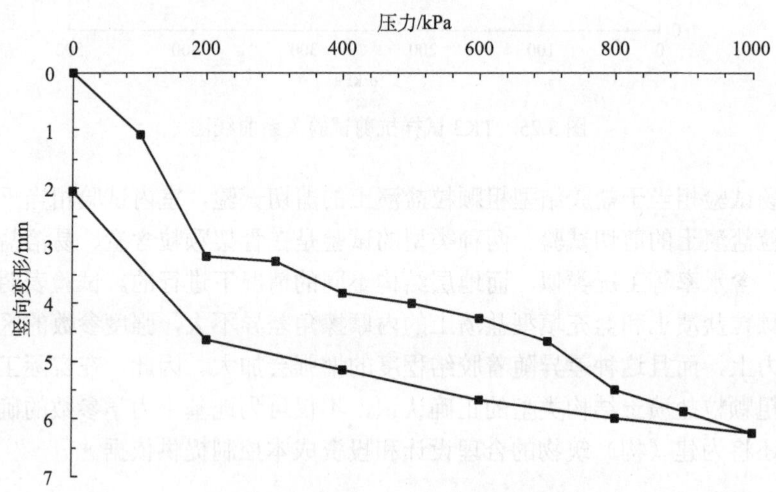

图 3.26　盐胶结型粗颗粒盐渍土地层的压缩变形特征

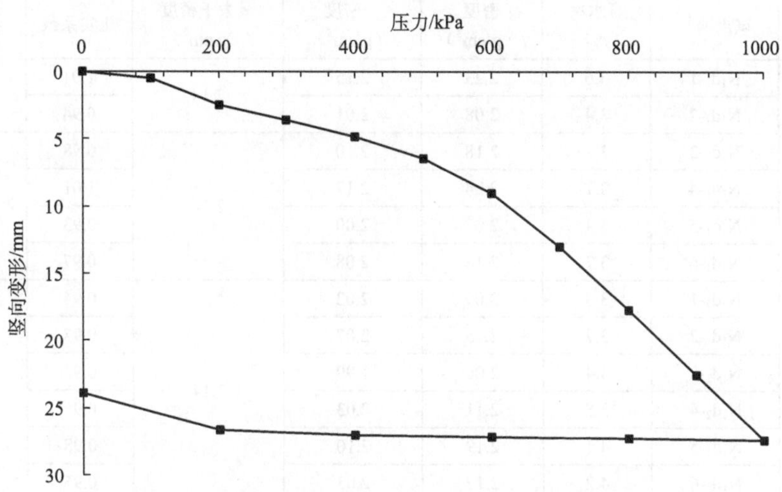

图 3.27　盐充填型粗颗粒盐渍土地层的压缩变形特征

图 3.28　灌水法测地基土密度

图 3.29　回填压缩变形试验

表 3.9　粗颗粒盐渍土颗粒级配统计结果

参数	神火动力站工程	大南湖电厂	准东电厂 2	国信准东电厂	哈密某电厂
C_c	0.579～0.647	0.381～0.616	31.04～44.23	8.16～17.01	42.58～79.07
C_u	22.32～24.18	9.79～19.01	0.65～0.93	0.309～0.834	0.118～0.31
压实系数	0.91～1.05	0.95～0.98	0.92～1.01	0.92～1.00	1.08

注：C_u、C_c是评价地基土级配的指标。C_u为不均匀系数；C_c为曲率系数。

表 3.10　粗颗粒盐渍土的一般压实性

碾压层号	试点编号	含水率/%	密度/（g/cm³）	干密度/（g/cm³）	最大干密度/（g/cm³）	压实系数	平均压实系数
N_1d_1	N_1d_1-1	3.6	2.23	2.15	2.14	1.01	0.97
	N_1d_1-2	3.4	2.08	2.01		0.94	
	N_1d_1-3	3.7	2.18	2.10	2.14	0.98	0.97
	N_1d_1-4	3.1	2.24	2.17		1.01	
	N_1d_1-5	3.4	2.07	2.00		0.93	
	N_1d_1-6	3.7	2.16	2.08		0.97	
N_1d_2	N_1d_2-1	3.3	2.09	2.02	2.14	0.94	0.95
	N_1d_2-2	3.7	2.15	2.07		0.97	
	N_1d_2-3	3.4	2.06	1.99		0.93	
	N_1d_2-4	3.8	2.11	2.03		0.95	
	N_1d_2-5	4.1	2.19	2.10		0.98	
	N_1d_2-6	4.2	2.12	2.03		0.95	
N_1d_3	N_1d_3-1	3.7	2.17	2.09	2.14	0.98	0.95
	N_1d_3-2	5.6	2.15	2.03		0.95	
	N_1d_3-3	3.4	2.03	1.96		0.92	
	N_1d_3-4	3.8	2.11	2.03		0.95	
	N_1d_3-5	4.3	2.10	2.01		0.94	
	N_1d_3-6	5.1	2.14	2.03		0.95	
N_1d_4	N_1d_4-1	3.8	2.11	2.03	2.14	0.95	0.94
	N_1d_4-2	3.3	2.14	2.07		0.97	
	N_1d_4-3	3.9	2.05	1.97		0.92	
	N_1d_4-4	5.4	2.05	1.94		0.91	
	N_1d_4-5	3.8	2.08	2.00		0.93	
	N_1d_4-6	4.2	2.15	2.06		0.96	
N_1d_5	N_1d_5-1	3.8	2.10	2.00	2.14	0.93	0.96
	N_1d_5-2	3.2	2.17	2.10		0.98	
	N_1d_5-3	3.6	2.23	2.15		1.01	
	N_1d_5-4	3.8	2.11	2.03		0.95	
	N_1d_5-5	3.9	2.03	1.95		0.91	
	N_1d_5-6	4.1	2.19	2.10		0.98	
N_1d_6	N_1d_6-1	3.8	2.10	2.02	2.14	0.93	0.96
	N_1d_6-2	3.7	2.19	2.11		0.99	
	N_1d_6-3	4.2	2.13	2.04		0.95	
	N_1d_6-4	4.7	2.11	2.01		0.94	
	N_1d_6-5	5.0	2.19	2.08		0.97	
	N_1d_6-6	5.1	2.15	2.04		0.95	

3.6 粗颗粒盐渍土基本物理力学参数取值

工程设计中，对地基土的基本物理力学参数，主要关注天然重度 γ，内摩擦角 φ，黏聚力 c，含水率 ω，渗透系数 k_v，变形模量 E_0 及地基土承载力等。

天然重度 γ 可根据公式 $\gamma=\rho g$ 获得，其中 ρ 为地基土的天然密度，对粗颗粒盐渍土，可通过灌砂法或灌水法在现场测定，或通过室内蜡封法测得；工程设计中，也可以根据经验法或查相关手册等确定。

内摩擦角 φ、黏聚力 c 可通过剪切试验获得。目前常用的方法有室内直接剪切试验、三轴压缩试验和现场直接剪切试验。直接剪切试验仪器操作简单，但存在剪应力分布不均匀、不能严格控制排水条件及剪切面受限的缺点；三轴压缩试验虽不硬性指定破裂面位置、可控制排水条件，但对取样和操作要求较高。实际工程中也可根据动力触探和标准贯入试验统计结果，在评价地基土密实状态的基础上，通过查相关手册等获得这两个参数的经验值。

变形模量 E_0 可用式（3.1）求算，即

$$E_0 = I_0(1-\mu)pd/s \tag{3.1}$$

式中，E_0 为变形模量（MPa）；I_0 为刚性承压板的形状系数，圆形板取 0.785；p 为 p-s 曲线线性段的压力（kPa）；s 为与荷载 p 所对应的沉降量（mm）；d 为承压版直径（m）；μ 为泊松比（碎石土取 0.27，砂土取 0.30，粉土取 0.35，粉质黏土取 0.38，黏土取 0.42）。

粗颗粒盐渍土地基的承载力是指饱和状态下地基土的承载性能，可通过动力触探和标准贯入试验统计结果提供经验值，但主要以浸水载荷试验的方法提出。对于粗颗粒盐渍土的浸水载荷试验，承压板面积不应小于 $0.5m^2$，试验基坑宽度不应小于承压板直径或宽度的 3 倍，要求试验过程中分级加荷不小于 8 级，承载力特征值取值按《盐渍土地区建筑技术规范》（GB/T 50942—2014）要求确定。

在统计河西走廊、吐哈盆地及准噶尔盆地等地区众多工程的现场和室内试验结果基础上，本书对粗颗粒盐渍土，尤其是角砾类粗颗粒盐渍土的基本物理力学参数进行了取值建议（表 3.11），可供相关工程借鉴。

表 3.11　粗颗粒盐渍土基本物理力学参数取值及建议

工程项目及地层类型		天然重度 γ/（kN/m^3）	内摩擦角 φ/（°）	黏聚力 c/kPa	含水率 ω/%	渗透系数 k_v/（cm/s）	变形模量 E_0/MPa	承载力特征值 f_{ak} /kPa
神火动力站工程（角砾，局部有胶结）	室内试验	21.3	/	/	4	9.7×10^{-4}	22（饱和）	300（饱和）
	现场试验		30～35	5～10（经验值）				
鄯善库姆塔格热电厂（角砾，胶结地层）	室内试验	21.5	/	/	5.7	2.71×10^{-7}	51（饱和）	460（饱和）
	现场试验		35～38	55～90				
大南湖电厂（角砾，半胶结地层）	室内试验	20.5	/	/	6.1	1.5×10^{-6}	48（饱和）	450（饱和）
	现场试验		32～35（经验值）	20～45（经验值）				
国信准东电厂（角砾，盐分充填地层）	室内试验	20.1	/	/	5.84	5.6×10^{-3}	10（饱和）	150（饱和）
	现场试验		33～38（经验值）	0～5（经验值）				
新疆信友电厂（角砾，盐分充填地层）	室内试验	20.2	/	/	5	5.2×10^{-3}	17（饱和）	230（饱和）
	现场试验		30～35（经验值）	0～5（经验值）				
哈密某电厂（角砾，半胶结地层）	室内试验	20.4	/	/	5.14	3.7×10^{-6}	33（饱和）	300（饱和）
	现场试验		32～36（经验值）	35～55（经验值）				
常乐电厂（角砾，半胶结地层）	室内试验	21.0	33～38	9～15	6	8.2×10^{-3}	12（饱和）	180（饱和）
	现场试验		34～38	45～80				
建 议 值	胶结型	20.5	38	75	5	$<10^{-5}$	35（饱和）	350（饱和）
	充填型		36	9		$>10^{-5}$	13（饱和）	150（饱和）

第 4 章　粗颗粒盐渍土地基的溶陷性

4.1　粗颗粒盐渍土的溶陷机理

天然状态下的盐渍土，在土的自重压力或附加压力作用下受水浸湿时产生的变形称作盐渍土的溶陷变形。大量的研究表明，只有干燥和稍湿的盐渍土才具有溶陷性，且盐渍土大都为自重溶陷。

盐渍土的溶陷变形分为两种情况。一是静水中的溶陷变形，当浸水时间不长、水量不多时，水使土中部分或全部结晶盐溶解，土的结构破坏，强度降低，土颗粒重新排列，孔隙减小，产生溶陷。溶陷量的大小取决于浸水量、土中盐的性质、含量及土的原始结构状态等。二是在浸水时间很长、浸水量很大造成渗流的情况下，盐渍土中部分固体颗粒将被水带走，产生潜蚀。潜蚀使盐渍土的孔隙增大，在土体自重和外部荷载的作用下产生溶陷变形，这部分变形称为“潜蚀变形”。其溶陷量除与浸水量、浸水时间、土中盐分类别和原始结构状态等有关外， 还与水的渗流速度有关。

盐渍土的溶陷机理与黄土的湿陷机理有类似之处，即浸水导致土体连接强度降低，土体结构坍塌。两者的区别之处在于盐渍土结构强度的降低完全是由于土颗粒连接处的盐结晶被水溶解。当浸水时间长、地下水力梯度大，且水源充足时，盐渍土的部分颗粒将被带走，产生潜蚀。由水的渗流而造成的潜蚀溶陷，是盐渍土地基与其他非盐渍土地基沉陷的本质区别，也是粗颗粒盐渍土溶陷的主要部分。对粗颗粒盐渍土而言，土体中的易溶盐和中溶盐在无离子水的不断作用下，溶解并迁出土体，使得它们所胶结的团粒分散开来，形成粒径较小的颗粒，并填充于孔隙之中，同时在土体自重压力下，土体发生一定的塌陷。

盐渍土的溶陷主要是潜蚀变形引起的，而潜蚀过程包含土中相的转换，即固相（盐结晶）转变为液相（盐溶液），以及盐溶液随渗流的迁移和流失。盐渍土的潜蚀可分为化学潜蚀和力学潜蚀。化学潜蚀是由于土中的结晶盐被渗流的水溶解成盐溶液后，随着径流而被带走，只要有水源的补给，渗流不断，土中的固体结晶盐就会不断地被溶解和排出，地基中潜蚀区就会越来越大。力学潜蚀是指地基土中的土颗粒被渗流的盐溶液带走的现象。地下水在渗流过程中受到土颗粒的阻力，同时水对土骨架产生压力，当土颗粒所受的压力等于或大于其在水中的浮重度时，土颗粒处于悬浮状态，它将随渗流的水一起流失。

盐渍土的潜蚀造成固体颗粒的流失，使土体孔隙增加，形成不稳定的结构，如图 4.1、图 4.2 所示。潜蚀后土的孔隙比远远超过盐渍土原始孔隙比，所以潜蚀引起的溶陷远比原始孔隙比下可能产生的地基变形要大。在渗流作用下，盐渍土一般先产生化学潜蚀，然后才可能出现力学潜蚀。在整个潜蚀过程中，通常化学潜蚀是主要的。

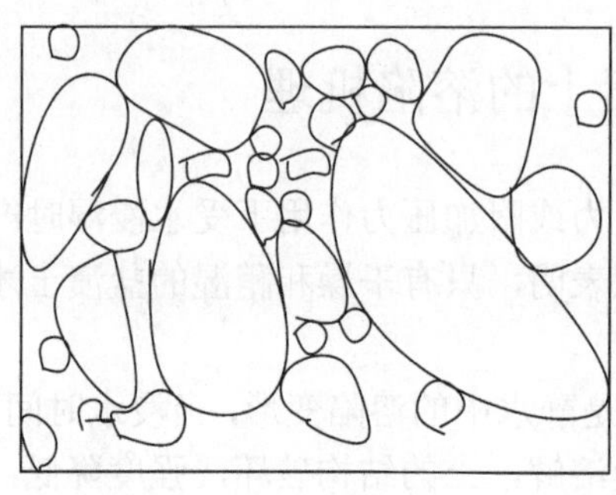

图 4.1　未潜蚀结构

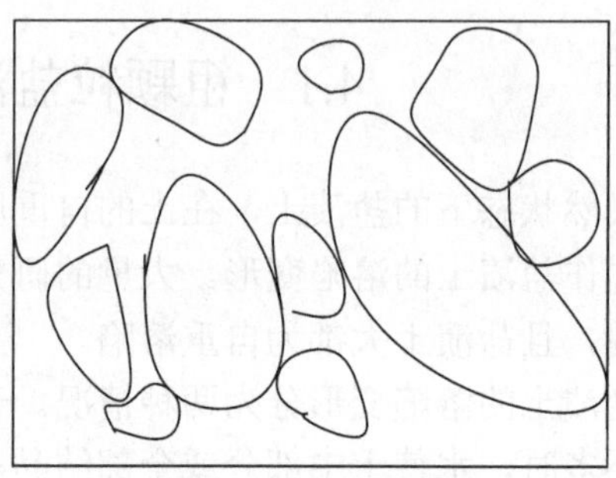

图 4.2　潜蚀后结构

4.2　粗颗粒盐渍土的溶陷性影响因素

影响粗颗粒盐渍土溶陷性的因素是多方面的，主要有含盐量、粗颗粒盐渍土类型、易溶盐分布形态、骨架颗粒含量、环境温度等。

1. 含盐量

土中盐分的存在是地基土产生溶陷的基础。粗颗粒盐渍土的溶陷与其含盐类型、数量及可溶程度都有密切关系。一般情况下，地基土中易溶盐含量越高，易溶盐分布越集中，其溶陷能力就越强，反之，易溶盐含量越低，则其溶陷能力就越弱。这种现象不论在平面上，还是剖面上均有明显表现。例如，新疆五彩湾和准东某电厂，地基土均为盐充填型盐渍土，但易溶盐总量差异较大（图 4.3、图 4.4，表 4.1），溶陷性差别也大。又如，哈密某换流站，由于表层土含盐量的不均衡性（图 4.5），在同一深度、不同平面的地基土中，溶陷性差异也很大。

通过对新疆吐哈盆地、准噶尔盆地及河西走廊等多个粗颗粒盐渍土场地进行现场浸水试验发现，发生溶陷的场地，易溶盐含量基本都比较高，而且存在富集层的现象，发生溶陷的场地，普遍易溶盐含量都超过 1%。

2. 粗颗粒盐渍土类型

本书所提及的粗颗粒盐渍土类型，在没有特别说明的情况下，是指按盐分在地基土中状态特征划分的盐胶结型和盐充填型两种类型。

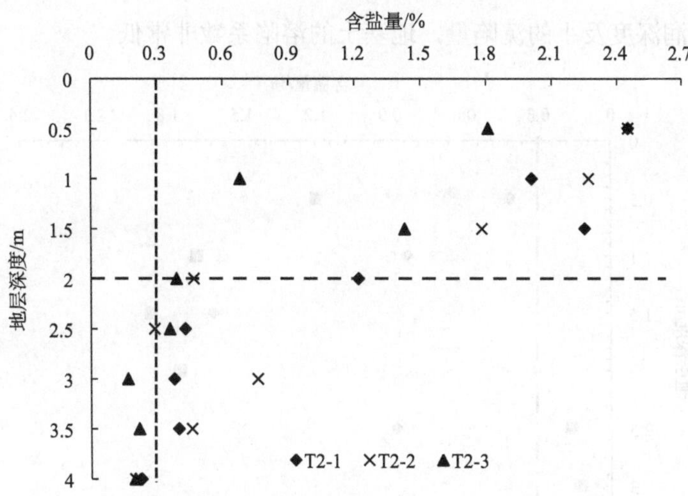

图 4.3　神火动力站工程场地地基土易溶盐含量

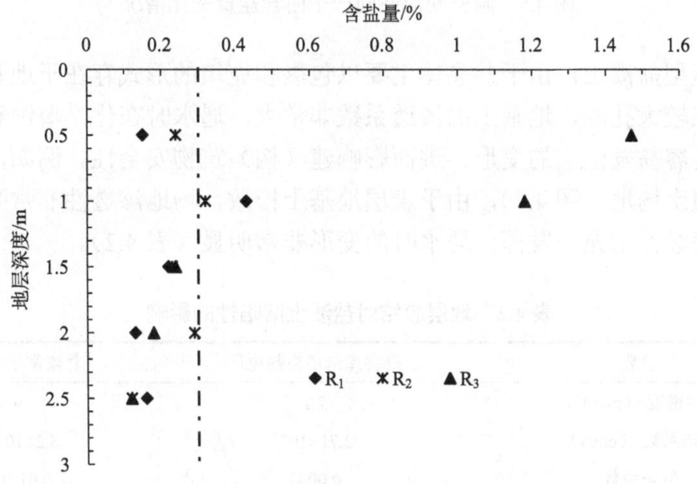

图 4.4　国信准东电厂地基土易溶盐含量

表 4.1　含盐量对粗颗粒盐渍土溶陷性影响

参数	不同场地		同一平面	
	神火动力站工程	国信准东电厂	T0.5-2	T0.5-3
溶陷系数	0.022	0.004	0.022	0.041

盐胶结型地基土呈半成岩状态，渗透性非常低，易溶盐总量的变化很难对地基土的溶陷性有明显影响。例如，新疆鄯善某电厂盐渍土场地（图 4.6），上部角砾层基本处于半成岩状态，虽然含盐量很高（0.72%～40.91%），但由于低的渗透

性、浅的浸润深度及小的沉陷量，地基土的溶陷系数非常低。

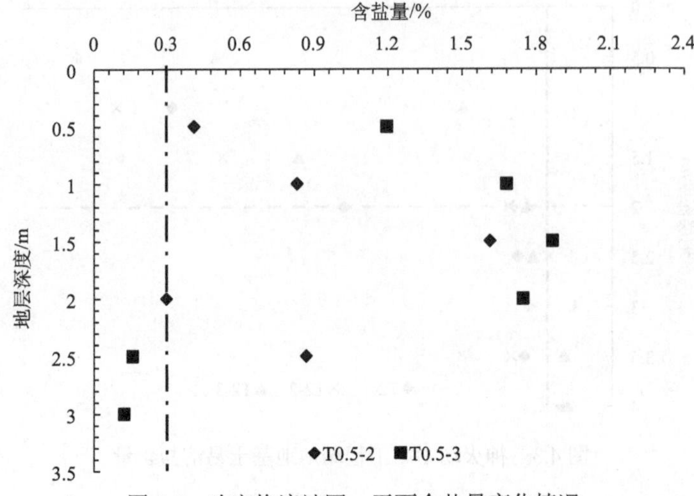

图 4.5　哈密换流站同一平面含盐量变化情况

盐充填型盐渍土，由于盐晶体主要以包裹和充填的形式存在于地基土中，土颗粒间存在较大孔隙，地基土的渗透系数非常大，遇水时在化学潜蚀和力学潜蚀的作用下，容易发生大的变形，进而影响建（构）筑物安全性。例如，甘肃常乐某电厂盐渍土场地（图 4.7），由于表层地基土松散，场地渗透性非常强，易溶盐的溶解和潜蚀作用充分发挥，遇水时的变形非常明显（表 4.2）。

表 4.2　地层胶结对盐渍土溶陷性的影响

参数	鄯善库姆塔格热电厂	甘肃常乐电厂
天然密度/（g/cm^3）	2.2	1.9
渗透系数/（cm/s）	2.71×10^{-7}	8.2×10^{-3}
溶陷系数	0.0043	0.0121

图 4.6　盐胶结型盐渍土剖面

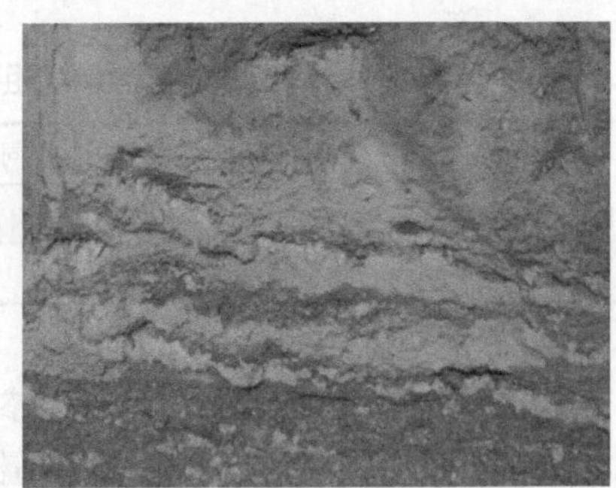

图 4.7　盐充填型盐渍土剖面

3. 易溶盐分布形态

对盐充填型粗颗粒盐渍土而言，易溶盐的分布形态对地基土工程性能的影响非常明显。通过对大量工程调研发现，盐充填型粗颗粒盐渍土地基中的盐分，通常情况下呈层状或带状分布（图 4.8），这种分布形态在地基土遇水时，常常表现为大的沉陷量和强的溶陷性；而当改变原状地层结构时，易溶盐的分布形态将会改变，均匀充填在骨架颗粒中，这种状态下遇水，地基土的化学潜蚀引起的地基沉陷量会明显减小，基本或者不发生溶陷变形。例如，新疆五彩湾某电厂地基土为典型粗颗粒盐渍土，易溶盐含量为 0.3%～2.4%，原状地基土中易溶盐有明显的层状分布特性；当对原状地层进行开挖、搅拌、回填处理后（图 4.9）再次测试，发现地基土中易溶盐分布状态明显进行了改变（图 4.10）。通过浸水载荷试验测试两种状态下地基土的溶陷性，发现地基土工程性能发生了明显改变，由原状地层时的溶陷变为处理后的非溶陷（表 4.3）。这种结果表明：改变地基土中盐分的分布形态，对于消除地基土的溶陷性是一种较好的方法。

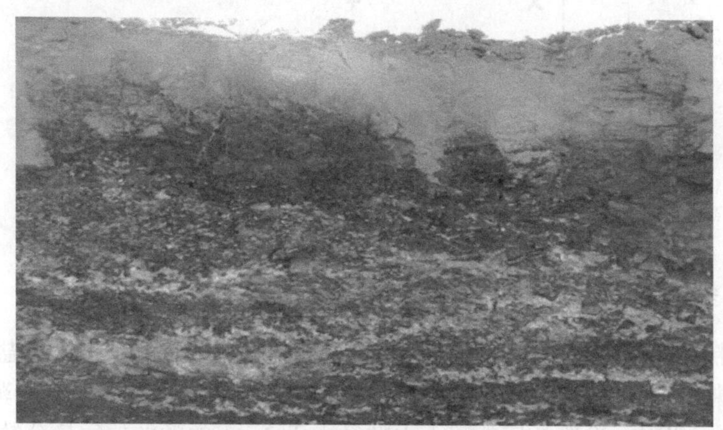

图 4.8　地基土中盐分布形态

(a)

(b)

图 4.9　回填碾压试验

表 4.3　鄯善库姆塔格热电厂盐渍土不同工况下溶陷性试验结果

指标	原状结构地层	扰动结构地层
层位	②层	②层
岩性	角砾	角砾
溶陷系数	0.022	0.0075

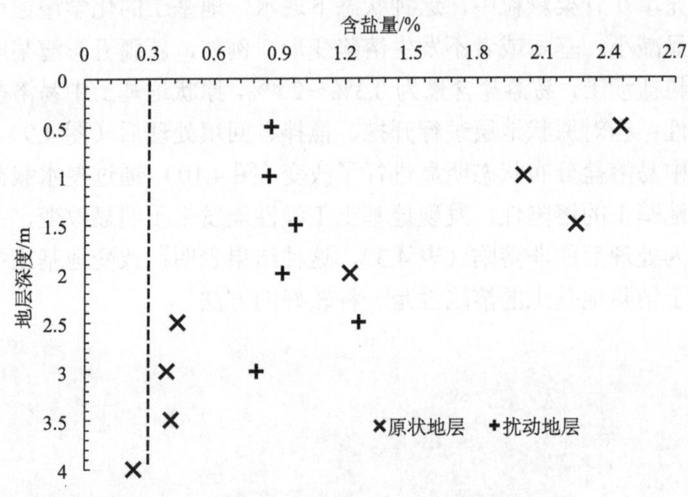

图 4.10　原状、扰动状态下易溶盐分布

4. 骨架颗粒含量

粗颗粒是盐渍地基土的支撑体，起到骨架的作用。通常情况下，盐渍土地基中，粗颗粒含量越高，对溶陷的抑制性就越强。《盐渍土地区建筑规范》（SY/T 0317—2012）规定：当洗盐后盐渍土中粒径大于 2mm 的颗粒的质量分数超过 70%时，可判为非溶陷性土；国家标准《盐渍土地区建筑技术规范》（GB/T 50942—2014）取消了粒径大于 2mm 的颗粒含量超过全重 70%时判为非溶陷性土的规定。可见，目前关于粗颗粒盐渍土一些定量化的研究仍然处于探索中。总体来说，骨架颗粒含量的提高在一定程度上对于抑制地基土的溶陷性是有作用的。本书编写时，对近年来工程实践中所做的一些颗粒级配分析与地基土溶陷性进行汇总，统计结果见表 4.4。对比骨架颗粒含量和地基土溶陷系数可知：虽然地基土溶陷受多方面因素的影响，但其对骨架颗粒含量变化尤其敏感，特别是当粒径>2mm、骨架颗粒含量为 60%以上时，其对粗颗粒盐渍地基土的溶陷性就会有明显的抑制作用。

表 4.4　骨架颗粒含量与地基土的溶陷性

参数	常乐电厂	神火动力站工程	新疆信友	国信准东	哈密换流站	国网能源
>2mm 样含量/%	44.0	52.0	62.9	60.9	53.3	50.5
溶陷系数	0.0121	0.022	0.0053	0.0042	0.022	0.005

5. 环境温度

在充分浸水的工况下，温度是影响盐渍地基土溶陷性的关键因素之一。统计发现：对于易溶盐，在一定的区间内，随着温度升高，易溶盐的溶解度会明显增大，而随着温度降低，溶解度减小，会出现盐分的析出，进而导致地基土发生胀缩现象，从而影响建筑物的安全。新疆鄯善某电厂盐渍土场地，浸水试验时间段为 2011 年 3 月初，当时场地温度变化区间为 2～11℃，易溶盐溶解过程中，随着温度变化，在 200kPa 的压力下，仍然出现了明显的胀缩现象，其中盐胀出现在早晨温度较低的时候，溶陷出现在下午温度较高的时候。

从某种程度上来说，盐渍土随着温度变化出现的这种周期性胀缩现象，对于建（构）筑物的安全影响比单纯的盐胀或溶陷更大。周期性的胀缩现象不仅疏松了建（构）筑物基底的地基土，而且会使地基土内部骨架颗粒出现错动、重新排列现象，对地层结构的破坏及地基承载力的影响很大。

6. 其他因素

除了含盐量、盐渍土类型、易溶盐分布形态、骨架颗粒含量及环境温度等影响因素外，地基土中充填物成分、浸水水质与水量等也是影响粗颗粒盐渍土溶陷变形的因素。因此，粗颗粒盐渍土的溶陷性研究，是一项系统的工程，不能单纯地以含盐量多寡来简单界定。

4.3　粗颗粒盐渍土溶陷性评价

4.3.1　粗颗粒盐渍土溶陷性评价指标

粗颗粒盐渍土的溶陷性主要通过测定其溶陷系数 δ_{rx}（表 4.5、表 4.6）来判定，而溶陷系数主要通过现场浸水载荷试验和室内重塑试验测得。

表 4.5 粗颗粒盐渍土溶陷类型判定

盐渍土分类	溶陷系数 δ_{rx}
轻微溶陷性土	$0.01 \leqslant \delta_{rx} \leqslant 0.03$
中等溶陷性土	$0.03 < \delta_{rx} \leqslant 0.05$
强溶陷性土	$0.05 < \delta_{rx}$

表 4.6 粗颗粒盐渍土地基的溶陷等级判定

溶陷等级	总溶陷量 S_{rx} /mm
弱溶陷，Ⅰ级	$70 < S_{rx} \leqslant 150$
中溶陷，Ⅱ级	$150 < S_{rx} \leqslant 400$
强溶陷，Ⅲ级	$400 < S_{rx}$

现场浸水载荷试验是粗颗粒盐渍土溶陷性评价最客观、最可靠的方法，也是实际工程中最常用的方法。室内重塑试验很难模拟地基土的地层结构和易溶盐分布形态，工程中使用该方法很难对地基土的溶陷性做出准确评价，但理论研究时常采用重塑试验，以揭示更普遍的溶陷规律。

1. 现场浸水载荷试验

现场浸水载荷试验的溶陷系数按式（4.1）计算，即

$$\delta_{rx} = \Delta S_{rx} / h \tag{4.1}$$

式中，ΔS_{rx} 为压力为 p 时，浸水溶陷过程中所测得盐渍土层的总溶陷量（mm）；h 为承压板下盐渍土浸润深度（mm）。

该方法中所采用的压力 p，一般应按试验土层实际的设计平均压力取值，但有时为方便起见，也可取为 200kPa；承压板下盐渍土浸润深度 h，可通过钻探、井探或物探（瑞利波法）方法测定。

2. 室内压缩试验

室内压缩试验通过式（4.2）计算，即

在一定压力 p 作用下，由式（4.2）确定溶陷系数 δ，即

$$\delta = \frac{h_p - h'_p}{h_0} \tag{4.2}$$

式中，h_0 为原状式样的原始高度；h_p 为加压至 p 时，土样变形稳定后的高度；h'_p 为土样在维持压力 p，经浸水溶陷，待其变形稳定后的高度。

该方法中所采用的压力 p，一般应按试验土层实际的设计平均压力取值，但

有时为方便起见，也可取为 200kPa。

4.3.2　粗颗粒盐渍土溶陷性现场试验

1. 试验方法

现场试验方法主要为浸水载荷试验法，适用于砂类、砾类等各粒径的粗颗粒盐渍土。

浸水载荷试验方法的主要内容包含以下八个部分。

1）试验位置选择

根据岩土工程勘察资料，结合场地易溶盐平面、剖面分布特征、建（构）筑物平面布置、基础埋深等选择试验位置和试验层位确定。通常，同一层位的试验点数量应满足统计要求。

2）承压板面积选取

对于粗颗粒盐渍土，常用承压板面积为 $0.5m^2$，但对于浸水后软弱的地基，要求承压板面积不小于 $1.0m^2$。

3）试坑开挖

根据试验层位的要求开挖试坑。一般要求试坑宽度不小于承压板宽度或直径的 3 倍，即对于粗颗粒盐渍土浸水载荷试验的试坑宽度应不小于 2.4m。试坑开挖至设计标高以上 0.3m 厚的土层由人工开挖，减少对试坑底部地层的扰动；试坑开挖合格后，在试坑中心铺设约 3cm 厚的中粗砂层，压实后安放承压板。

4）设备安装及调试

试验主要由反力装置、油泵、发电机、测试设备等几部分构成。其中反力及观测装置主要由承压板、千斤顶、荷重传感器、位移传感器及反力堆载装置构成（图 4.11）。

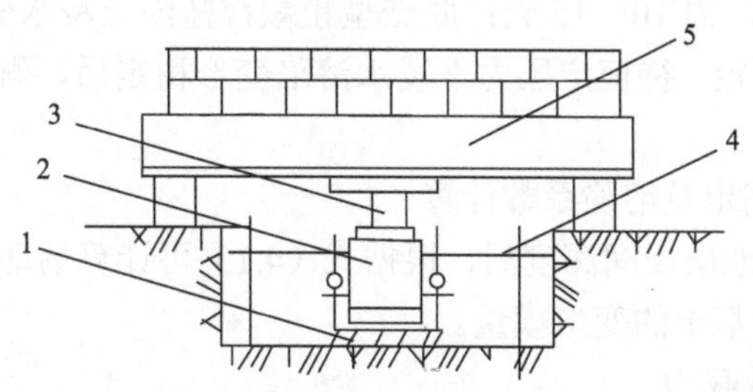

图 4.11　反力装置

1. 承压板；2. 千斤顶；3. 压力传感器；4. 位移传感器；5. 堆载装置

试验装置安装时，首先安放承压板，承压板与试验面平整接触；其次安装载荷台架，其中心与承压板中心一致；再次安装沉降观测装置，其固定点置于基准梁上。试验的安装及调试可参见图 4.12。

对于粗颗粒盐渍土，浸水载荷试验中应采用自动采集系统获取准确变形数据。

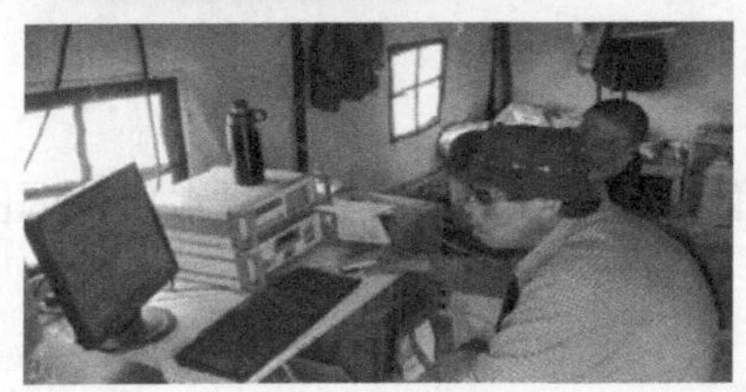

图 4.12　设备安装及调试

5）浸水前加荷

逐级加荷至浸水压力 p，每级加荷后，根据相关规范要求至判定加荷稳定后，读取各位移计沉降变形值。

6）浸水期变形测定

维持浸水前稳定压力 p（可取 200kPa），并向试坑内均匀注入淡水，保持水头高度为 30cm，浸水时间根据地基土的渗透性确定。一般充填型粗颗粒盐渍土浸水变形稳定期较长，需 10～15 天；胶结型粗颗粒盐渍土浸水变形稳定期短，5～10 天可达到变形稳定。待恒定压力下浸水溶陷变形稳定后，测得相应的总溶陷量 S_{rx}。

7）浸润深度测定及溶陷系数计算

测得承压板下地层浸润深度后，根据式（4.1）可计算场地的溶陷系数，根据式（3.1）可计算地基土的变形模量。

8）确定地基承载力

继续加荷，根据总荷载要求，加荷分级应不小于 8 级，最大加荷值不小于设计要求的 2 倍。根据《岩土工程勘察规范》（GB 50021—2001）（2009 年版）及《盐渍土地区建筑技术规范》（GB/T 50942—2014）等相关规范要求，可确定地基土的承载力特征值。

2. 试验内容

粗颗粒盐渍土溶陷性的评价，除按照现场浸水试验结果外，还要结合场地易溶盐分布特征、易溶盐含量、粗颗粒盐渍土类型（盐胶结型或者盐充填型）、骨架颗粒等进行综合判定。

试验内容分两个方面：一是原场地地基土的溶陷试验；二是回填场地地基土的溶陷试验。根据对场地溶陷性综合评价及工程设计所需参数的需要，溶陷试验内容见表 4.7。

表 4.7　粗颗粒盐渍土溶陷性现场试验评价内容

场地类型	易溶盐类型及含量	粒径级配	密实度	压实系数	含水率	渗透系数	浸水载荷试验
原始场地	√	√	√	/	√	√	√
回填场地	√	√	/	√	√	√	√

3. 试验流程

粗颗粒盐渍土现场溶陷试验，大概分三个阶段：一是试验准备阶段，包括场地环境条件的了解、岩土工程条件的熟悉，易溶盐平面、剖面分布特征的掌握，试验位置的合理性选择，试验内容的确定，以及试验大纲的编制和评审等；二是试验平台的搭建阶段，包括试坑开挖、载荷板安放、反力装置、数据采集系统、反力堆载装置搭建等；三是试验阶段，包括试验设备的调试、溶陷系数的测定、地基土承载力的测定等。

粗颗粒盐渍土溶陷试验的基本流程如图 4.13 所示。

4. 试验仪器

粗颗粒盐渍土建设场地大都处于荒无人烟的偏僻地区，水、电、路都是影响试验顺利开展的关键因素，因此，试验前，就应仔细考虑试验的可操作性和设备的稳定性、安全性，做到事前准备充分、事中时刻检查，保证试验顺畅进行。

通过多个工程的现场试验，对粗颗粒盐渍土浸水试验的设备需求总结见表 4.8 及图 4.14 至图 4.19。

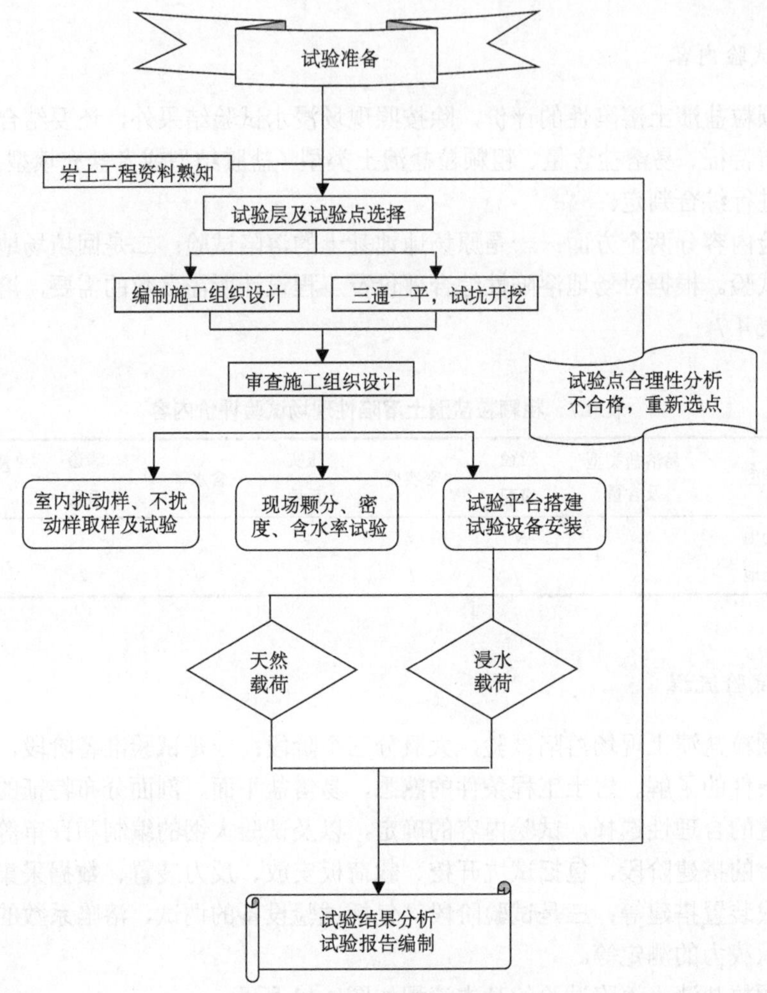

图 4.13　试验流程

表 4.8　主要仪器设备一览表（一套试验设备）

序号	名　称	型号规格	单位	数量	备注
1	千斤顶	100t	台	1	备用 1 台
2	静力载荷测试仪	JCQ-503A	台	1	备用 1 套
3	电动油泵	/	台	1	/
4	油泵流量控制器	JCQ-500	台	1	/
5	应变式压力传感器	ZZY	个	1	/
6	位移传感器	MS-50	个	4	备用 2 个
7	主梁及反力装置	/	套	1	/
8	计算机	/	台	1	/

续表

序号	名　称	型号规格	单位	数量	备注
9	挖掘机	/	台	1	/
10	装载机	/	台	1	/
11	承压板	0.5m^2	块	1	/
12	拉水车	/	辆	2	/
13	发电机		台	1	备用 1 台
14	天平		架	1	/
15	秤		杆	1	/

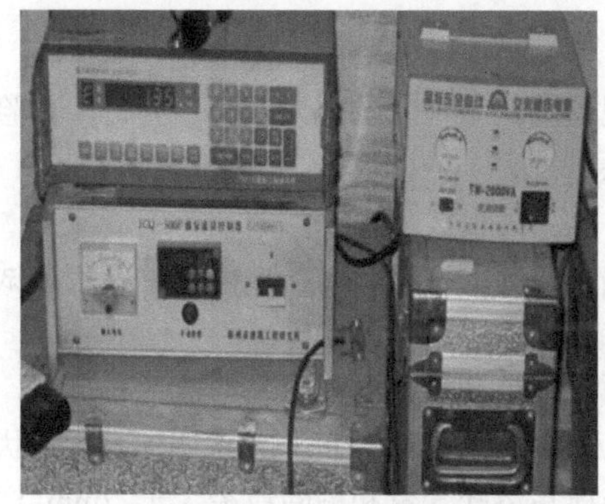

图 4.14　数据采集系统

图 4.15　油泵

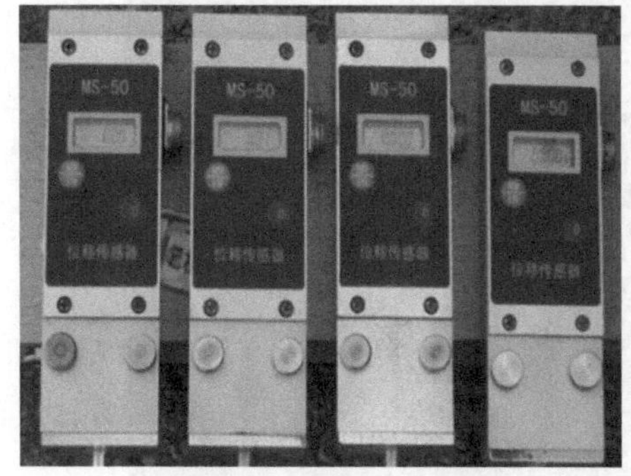

图 4.16　位移传感器

图 4.17　压力传感器

图 4.18 发电机

图 4.19 天平及秤

5. 试验结果

根据评价功能与分析依据，溶陷性现场测试结果主要分为三类：分析类试验结果、计算类试验结果、评价类试验结果。

1）分析类试验结果

分析类试验结果是综合分析场地溶陷性的辅助性试验结果，内容主要包括试验层位的易溶盐含量、颗粒粒径组成、渗透系数等结果。

易溶盐含量的测定结果包括两个方面：一是开挖剖面观察易溶盐分布形态，若存在层状、窝状分布特征（图 4.20），应加密易溶盐取样间距，说明层状、窝状易溶盐厚度及展布形态；二是对地基土全样易溶盐含量和剔除粒径大于 2mm 样地基土易溶盐含量结果分别测定，以用来分析差异性。

图 4.20 易溶盐呈层状分布盐渍土地层

颗粒粒径组成主要是对洗盐后地基土中大于 2mm 样骨架颗粒含量进行统计，当骨架颗粒含量超过一定比例后，也可直接对地基土的溶陷性进行宏观判定。

渗透系数是评价地基土结构特征的量化性指标。当渗透系数小于 10^{-5}cm/s 时，可视为盐胶结型场地，也可作为溶陷性与否的宏观判据。

2）计算类试验结果

计算类试验结果是指在浸水溶陷工况下，获得的用于计算、评价地基土溶陷性的计算指标。现场溶陷试验可获得用于粗颗粒盐渍土状态评价的两类结果：一类是用于溶陷性评价的计算指标，另一类是粗颗粒盐渍土饱和状态下评价承载性能的计算指标。

用于溶陷性评价的计算指标主要包括浸水工况下，在某一级恒定压力下地基土变形稳定时的相对沉降量及浸水深度。相对沉降量主要通过试验时安装在可确定载荷板变形的位移计测得（图 4.21）。浸水深度确定方法较多，实际工程中常用人工或机械开挖方法确定（图 4.22）。

浸水试验时，除了可获得粗颗粒盐渍土的溶陷性计算指标外，还可通过 *p-s* 曲线（图 4.23）获得承载力特征值以及地基土的变形模量等，以用于评价饱和状态下的变形和承载性能。

图 4.21　浸水沉降量测定

图 4.22　人工确定浸水深度

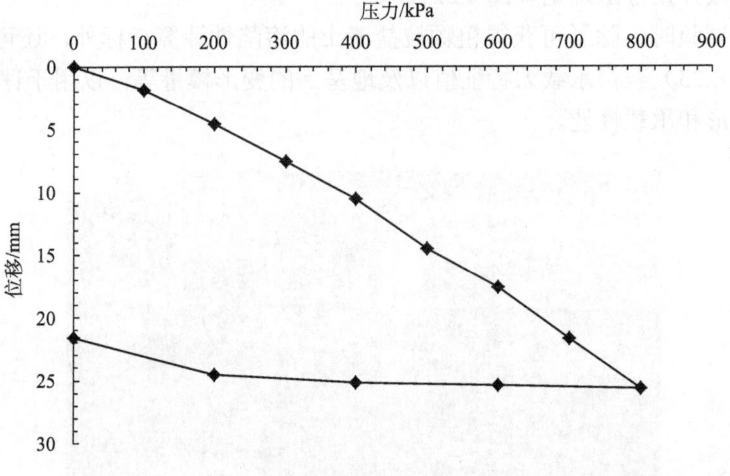

图 4.23　*p-s* 曲线

3）评价类试验结果

评价类试验结果是根据计算类试验结果，通过式（4.1）计算，获得溶陷性评价指标——溶陷系数。结合分析类试验结果，综合对粗颗粒盐渍土场地的溶陷性给出溶陷类型和溶陷等级，为设计提供依据。

4.3.3　粗颗粒盐渍土溶陷性室内试验

1. 试验方法

粗颗粒盐渍土赋存的地层结构形式主要有两种：盐充填型粗颗粒盐渍土的散体结构和盐胶结型粗颗粒盐渍土的板状或块状结构。散体状存在的盐渍土原状样，目前还没有比较好的采样方法，在无法进行现场试验的时候，工程中有时也以重塑样的方式，室内采用压缩试验法了解地基土的溶陷性；板状或块状存在的盐渍土，当能取到不规则试样时，按相关规程要求，也可采用液体排开法了解地基土的溶性，但实际工程中这种方法很少采用。

1）压缩试验法的主要试验步骤

（1）试样制备。现场采取散体状试样（当存在局部胶结块体时，用木碾捣碎，但应尽量不使土或粒料的单个颗粒破碎）不小于 50kg，用 40mm 筛筛除大于 40mm 的颗粒，并记录超尺寸颗粒的百分数。按照现场测得的地基土的密度和含水率，制备试件。

（2）将试样放入承压台，固定底座，在试样上表面垫上滤纸，盖上承压板，安装电子百分表，使百分表端头与反力架横梁紧密接触，预加 1.0kPa 荷载，使试样和仪器各部紧密接触，记录室温并采集百分表初始读数。

（3）逐级施加 25kPa、50kPa、100kPa、200kPa 荷载，试验过程中每 30min 自动采集百分表读数，每一级变形量小于 0.01mm/h 时认为试样变形稳定，然后施加下一级荷载。

（4）待 200kPa 荷载下百分表读数稳定后，加入淡水使试样浸水溶滤，读取浸水后试样变形量至稳定为止。继续逐级加荷到终止压力，读取各级变形量至稳定为止。

（5）量测浸水后试样高度的变化，并按式（4.2）计算溶陷系数。

2）液体排开法

液体排开法主要是利用盐渍土试样干密度 ρ_d、最大干密度 ρ_{dmax}、含盐量 C 等的相互关系，计算溶陷系数 δ_{rx}，并评价溶陷性的一种室内试验方法。

A. 盐渍土试样干密度 ρ_d 的主要测定步骤

（1）选取具有代表性的试样，土块大小以能放入量筒内且不与量筒内壁接触为宜，清除表面浮土及尖锐棱角，系上细线，称试样质量 m_0，精确到 0.01g。

（2）将蜡熔化，蜡液温度以蜡液达到熔点以后不出现气泡为准。

（3）持线将试样缓缓浸入过熔点的蜡液中，浸没后应立即提出，检查试样周边的蜡膜，当有气泡时应用针刺破，再用蜡液补平，冷却后称蜡封试验质量 m_w。

（4）将蜡封试样挂在天平的一端，浸没于盛有纯水的烧杯（或量筒）中，测定蜡封试样在纯水中的质量 m'，并测定纯水的温度 t。

（5）取出试样，擦干蜡面上的水分，再称蜡封试样质量 m_w。当浸水后试样质量增加时应另取试样重新试验。

（6）试样的湿密度 ρ_0 按式（4.3）计算，即

$$\rho_0 = \frac{m_0}{\dfrac{m_w - m'}{\rho_{w1}} - \dfrac{m_w - m_0}{\rho_w}} \tag{4.3}$$

式中，ρ_0 为试样的湿密度（g/cm^3）；m_0 为试样质量（g）；m_w 为蜡封试样质量（g）；m' 为蜡封试样在纯水中的质量（g）；ρ_{w1} 为纯水在温度 t 时的密度（g/cm^3）；ρ_w 为蜡的密度（g/cm^3）。

（7）试样的干密度 ρ_d 按式（4.4）计算，即

$$\rho_d = \frac{\rho_0}{1+\omega} \tag{4.4}$$

式中，ρ_d 为试样的干密度（g/cm^3）；ω 为试样的含水量（%）。

B. 盐渍土试样最大干密度 ρ_{dmax} 的主要测定步骤

（1）将上述试样剥去蜡膜，然后用蒸馏水充分浸泡、淋洗 1～2 天，洗去土中的盐分，将去盐后的试样风干。

（2）试样经风干后碾碎，搡匀，倒入金属圆筒进行振击，用振动叉以每分钟往返 150～200 次的速度敲击圆筒两侧，并用锤击试样，直至试样保持体积不变。

（3）刮平试样，称圆筒和试样总质量，计算出试样质量 m_d。根据试样在圆筒内的高度和圆筒内径，计算出去盐击实后的试样体积 V_d。

（4）试样的最大干密度 ρ_{dmax} 按式（4.5）计算，即

$$\rho_{dmax} = \frac{m_d}{V_d} \tag{4.5}$$

式中，ρ_{dmax} 为试样的最大干密度（g/cm^3）；m_d 为试样质量（g）；V_d 为试样体积（cm^3）。

C. 试样的溶陷系数 δ_{rx}

试样的溶陷系数为 δ_{rx} 按式（4.6）计算，即

$$\delta_{rx} = K_G \frac{\rho_{dmax} - \rho_d(1-C)}{\rho_{dmax}} \tag{4.6}$$

式中，K_G 为与土性有关的经验系数，取值为 0.85～1.00；C 为试样的含盐量（%）。

2. 试验仪器

1）压缩试验

（1）固结仪器。固结仪器主要包括固结容器、加荷设备和位移传感器。对粗颗粒盐渍土，颗粒粒径较大，因此，固结容器的直径和高度通常都比较大。为了达到试验效果，大多数情况下，实验室会根据需要定制专门固结容器进行试验。加荷设备主要指应力传感器，位移传感器指位移计。

（2）磅秤。至少需要称量 50kg 以上的磅秤。

（3）其他。主要包含饱和装置、振动器、击实器、秒表、烘箱、磁盘、铁铲等。

2）液体排开法试验

（1）烘箱：应能控制温度 80～120℃。

（2）天平：称重 500g，感量 0.1g。

（3）量筒：容积大于 2000mL，标好刻度。

（4）蜡封设备：应附熔蜡加热器。

（5）金属圆筒：容积 250mL 和 1000mL，内径为 5cm 和 10cm，高为 12.7cm，附内筒。

（6）振动叉：两端击球应等量。

（7）击锤：锤质量 1.25kg，落高 15cm，锤直径 5cm。

对于粗颗粒盐渍土，室内试验存在难以取到原状样、尺寸效应、容易改变地基土中易溶盐分布形态等缺陷，试验结果很难反映地基土的真实情况，因此，有条件的情况下，不建议以室内试验结果去评价场地地基土的溶陷性。本书对于室内试验的其他内容不再赘述。

4.4　粗颗粒盐渍土溶陷性的关键控制指标

经工程实践和研究分析可知，影响粗颗粒盐渍土溶陷性的关键因素主要为含盐量、骨架颗粒含量、渗透系数等，这几个数值的变化直接控制着地基土溶陷与否、溶陷等级等。

1. 易溶盐含量与溶陷性

易溶盐含量是盐渍地基土发生溶陷的决定性因素。通常情况下，易溶盐含量越高，发生化学潜蚀的能力就越强，地基土的变形就会越大，强度越低，多以溶陷性地基土为主；易溶盐含量越低，发生化学潜蚀的能力越弱，地基土遇水变形通常为非溶陷变形。

通过对甘肃河西走廊、新疆吐哈盆地及准噶尔盆地粗颗粒盐渍土场地室内外试验（表 4.9）可知：易溶盐含量 1%是一个非常明显的分界点。原状地层，当易溶盐含量大于 1%时，不论是在平面上还是剖面上，地基土的溶陷系数均大于 0.01；而当改变地基土中易溶盐分布形态时，由于盐分在骨架颗粒间的均布特征，则会改变或消弱地基土的溶陷性。

表 4.9　易溶盐含量与地基土的溶陷性

指标	常乐电厂 1		常乐电厂 2	神火动力站工程			新疆信友电厂		国信准东电厂	
	2m 以上	2m 以下		2m 以上	2m 以下	改变易溶盐分布形态	原状地层	改变易溶盐分布形态	原状地层	改变易溶盐分布形态
易溶盐含量/%	1.226～3.278	0.3～0.943	0.3～0.94	1.07～2.43	0.3～0.95	0.9～0.95	0.3～0.92	0.4～0.6	0.3～1.18	0.3～0.43
溶陷系数	0.0121	0.0021	0.0076	0.022	0.0019	0.0075	0.00265	0.005	0.004	0.006

指标	国网能源	哈密红星电厂	国电大南湖	哈密换流站	
		改变易溶盐分布形态	改变易溶盐分布形态	2m 以上	2m 以下
易溶盐含量/%	0.32～1.06	1.26～1.98	3.3～5.4	0.96～2.7	0.3～1.0
溶陷系数	0.0051	0.012	0.02	0.022	0.001

2. 骨架颗粒含量与溶陷性

关于骨架颗粒对盐渍土溶陷性的影响，《盐渍土地区建筑规范》（SY/T 0317—2012）规定：碎石类盐渍土中洗盐后粒径大于 2mm 的颗粒超过全重 70%，且土层中不含层状或团块状结晶盐时，可判为不溶陷；国家规范《盐渍土地区建筑技术规范》（GB/T 50942—2014）中对于盐渍土粒径与溶陷性的关系，并没有提出判定标准。本书在研究粗颗粒盐渍土的溶陷性时，专门对大于 2mm 粒径含量与地基土的溶陷性进行了统计研究（表 4.10）。

表 4.10　骨架颗粒含量与地基土的溶陷性

指标	常乐电厂 1	神火动力站工程		新疆信友电厂		国网能源
		原状地层	改良地层	原状地层	改良地层	
>2mm 样含量/%	44.0	52.0	63.0	62.9	69.2	50.5
溶陷系数	0.0121	0.022	0.0075	0.0053	0.0009	0.005
指标	常乐电厂 2	哈密红星电厂		国信准东电厂		哈密换流站
		原状地层	改良地层	原状地层	改良地层	
>2mm 样含量/%	56.2	52.2	59.9	60.9	71.8	53.3
溶陷系数	0.015	0.015	0.008	0.0042	0.0014	0.022

表 4.10 中，除新疆信友和国信准东电厂两个场地原状地层中未见盐分的成层性分布外，其他几个场地的原状地层中均有厚薄不等的层状结晶盐分存在。从表中可以看出，对于原状地层，随着大于 2mm 粒径颗粒的增加，地基土的溶陷系数有明显减小趋势。几个工程的现场统计结果显示：2mm 粒径颗粒含量为 60%是一个明显的分界点，当地基土中粒径大于 2mm 含量超过 60%时，场地一般不具备溶陷性（除场地含厚层盐晶体）；而粒径含量大于 2mm 含量小于 60%，场地遇水发生溶陷的可能性要明显增加。另外，从对几个工程场地中易溶盐分布形态统计结果可知，改变原有地层中层状或窝状分布形态的易溶盐后，地基土的溶陷性也能消除或消弱。

3. 渗透系数与溶陷性

在前人对粗颗粒盐渍土工程性能研究的过程中，把影响盐渍土地基工程性能的控制因素主要集中在易溶盐含量与类型、水及颗粒粒径上，并没有把渗透系数当作一个关键因素来分析。而本书通过对大量粗颗粒盐渍土场地现场及室内试验发现，渗透系数同易溶盐含量、类型及颗粒粒径和水一样，是控制地基土变形的关键因素之一。

表4.11是一些典型场地地基土溶陷性与渗透系数的实测结果。各统计项目中，地基土均为砾砂和角砾，场地盐分多以薄层状出现在地层中，其中新疆鄯善场地的易溶盐含量最大可达40%以上；各场地渗透系数差异明显，使得易溶盐含量、骨架颗粒的控制作用尽失，表现出与常规逻辑不相符的特征。要解释这些原因，表面上是渗透系数的影响，本质上则是由粗颗粒盐渍土类型决定的，如新疆鄯善场地就属于盐胶结型地基土，其他场地属于盐充填型盐渍土。不同盐渍土类型决定了其工程性能及对建（构）筑物地基安全性能的影响。

表 4.11 渗透系数与地基土的溶陷性

指标	鄯善库姆塔格热电厂	哈密换流站	哈密红星电厂	国电大南湖	新疆神火电厂
渗透系数/（cm/s）	2.71×10^{-7}	2.89×10^{-3}	6.42×10^{-4}	1.5×10^{-4}	9.7×10^{-4}
溶陷系数	0.0043	0.022	0.014	0.013	0.022
指标	常乐电厂 1		常乐电厂 2		
渗透系数/（cm/s）	8.2×10^{-3}		1.54×10^{-3}		
溶陷系数	0.0121		0.0076		

4.5 粗颗粒盐渍土溶陷性的宏观判定方法

目前，对于粗颗粒盐渍土溶陷性与否的宏观判定尚无统一界定标准，《盐渍土地区建筑规范》（SY/T 0317—2012）规定：①碎石类盐渍土中洗盐后粒径大于2mm的颗粒超过全重70%，且土层中不含层状或团块状结晶盐时，可判为不具溶陷性；②建（构）筑物基础常年处于地下水位以下，或当水位以上的粉土湿度为很湿、黏性土状态为软塑至流塑时，可判为不具溶陷性。

《盐渍土地区建筑技术规范》（GB/T 50942—2014）规定：当碎石土盐渍土、砂土盐渍土及粉土盐渍土的湿度为饱和，黏性土盐渍土状态为软塑-流塑，且工程的使用环境条件不变时，可不计溶陷性对建（构）筑物的影响。

由上可见，现有规范之间对于盐渍土溶陷性宏观判定的一致性和兼容性并不是很协调，解决盐渍土溶陷性问题的手段主要还局限于现场和室内试验。但对于粗颗粒盐渍土，在难以获得原状样进行室内试验的条件下，现场试验的费用、周期及试验条件（水、配重及交通条件）都给工程建设带来诸多难题。本书依据大量工程实践，结合粗颗粒盐渍土场地条件及室内外溶陷性试验成果，在分类异同点的基础上，提出粗颗粒盐渍土场地溶陷与否的宏观判定标准，可快速评价该类场地工程性能、减少工程建设束缚条件、降低因试验周期和试验费用产生的工程成本，具有理论提升和工程应用的双重价值。

由前述分析可知，粗颗粒盐渍土溶陷性是众多因素综合影响的结果，各因素之间既具有独立性，又互相制约，对地基土的工程性能共同起着促进或制约因素。根据室内外试验成果，结合数值仿真试验资料，本书对粗颗粒盐渍土的溶陷性提出如下初步判定依据。

（1）对盐充填型粗颗粒盐渍土，需要重点关注地基土的溶陷性。

（2）对粗颗粒盐渍土的溶陷性：①当地层中大于 2mm 粒径颗粒质量大于地基土质量的 70%（结合已有规范、现场试验等），且地层中不存在层状或窝状的易溶盐分布时，可不考虑地基土的溶陷性；②当地基土的渗透系数大于 10^{-5} cm/s 时，发生溶陷的盐渍土地基易溶盐含量一般大于 1%，且通常情况下，地基土的溶陷等级以Ⅰ级溶陷为主；③当地基土的渗透系数小于 10^{-5} cm/s 时，在保持地层原状结构的形态下，可不考虑盐渍土的溶陷性。

4.6 工 程 案 例

4.6.1 新疆鄯善库姆塔格热电厂

1. 工程及场地概况

拟建新疆万向鄯善库木塔格热电联产工程位于新疆吐鲁番市鄯善县境内，装机容量为 2×350MW，采用热电联产燃煤空冷机组。拟建厂区位于鄯善县东南约 100～120km 的南湖戈壁。项目预算总投资约 30 亿元。

本项目 2011 年年初完成了施工图勘察设计和场平工作，但由于受客观条件的限制，直至 2020 年，一直未见工程动工建设。

工程建设场地地处戈壁荒漠区，地貌单元属低矮垄岗上的缓倾洪积平原，地表呈荒漠景观（图 4.24）。场地地形较为平坦、地势开阔，地面高程为 264～271m，总的地势为东南高西北低。

勘察资料显示，建设场地上部地层为典型的内陆粗颗粒盐渍土，主要为角砾，结构呈半胶结-胶结状态（图 3.3）；下部地层为砂质泥岩。场地地层情况见表 4.12，有关地基土物理力学指标见表 4.13。

2. 场地盐渍土特征

1）易溶盐

盐渍土是指含盐量超过一定数量的土。土的含盐量通常是用一定土体内含盐的质量与其干土质量之比，以百分数表示。按照《岩土工程勘察规范》（GB 50021—2001）（2009 年版）等规定，当地基土中易溶盐含量超过 0.3%时，场地土为盐渍土。

图 4.24　工程场地原始地貌

表 4.12　场地地层分布情况表

层号	地层名称	层厚/m	岩性特征
①-1	填土	0.4～2.2	土黄色、灰色、灰褐色，干燥。为采矿弃土，由砂砾石并混黏性土组成，均匀性差。仅在局部地段出露
①	砾砂	0.5	土黄色、灰色、灰褐色，干燥，松散。以砂、砾石为主，并混少量黏性土。该层易溶盐含量较高，为钠硝石矿层的顶板，仅分布于地表浅部
②	角砾	2.4～5.0	土黄色、灰色、灰白色，稍湿，密实。以砾石、砂为主。局部夹砾砂透镜体。该层由于易溶盐含量高，地层胶结严重，以厚层板状形式存在
③	角砾	2.9～5.1	土黄色、灰黄色，稍湿，密实。以砾石、砂为主，并混少量黏性土，夹砾砂透镜体。地层呈半胶结状，岩心表面在外露环境下显著呈盐霜化。该层在厂区广泛分布
④	角砾	2.3～4.8	土黄色、灰黄色，稍湿，密实。以砾石、砂为主，地层呈半胶结状，岩心表面在外露环境下显著呈盐霜化。该层在厂区广泛分布
⑤	角砾	2.4～34.0	灰绿色、黄绿色，稍湿，密实。以砾石、砂为主，夹砾砂透镜体。岩心表面在外露环境下显著呈盐霜化。该层在厂区广泛分布
⑥	砂质泥岩	＞2m	紫红色，矿物成分以高岭石、蒙脱石、水云母等黏土矿物及石英、长石为主。见青灰色斑块，局部夹青灰色砾岩夹层

表 4.13　地基土主要物理力学性质指标表

地层编号及岩性名称	天然含水量 ω/%	天然重度 γ /（kN/m^3）	天然孔隙比 e	塑性指数 I_P	液性指数 I_L	压缩系数 a_{1-2} / MPa^{-1}	变形模量 E_0 / MPa	c /kPa	φ /（°）	重型动力触探试验 $N_{63.5}$ /击	承载力特征值 f_{ak} /kPa
①	3	16	—	—	—	—	（5）	—	25	—	60
②	5.5	20	—	—	—	—	（30）	70	35	>50	460
③	6	21	—	—	—	—	（62）	55	36	>50	500
④	6	22	—	—	—	—	（83）	45	36	>50	500
⑤	6.5	22	—	—	—	—	（70）	45	36	>50	500
⑥	5.5	22	—	—	—	—	—	—	—	—	—

注：1. ⑥层砂质泥岩层顶埋深>43m，非持力层，未做相关测试；2. c、φ 为结合室内外试验成果的建议值。

本工程可研、初设、施工图及现场试验阶段，共计取易溶盐样 310 件，试验测得易溶盐含量为 0.11%～28.44%，以氯盐类盐渍土为主（部分试验结果见表 4.14）。其中易溶盐含量小于 0.3%的试样共计 15 件，且埋深均大于 10m。总体表现为地表含盐量非常高，随着地层埋深增加，易溶盐含量减小的特征（部分易溶盐剖面分布特征如图 4.25 所示），为典型内陆粗颗粒盐渍土场地。

表 4.14　场地盐渍土类型

土样编号	取土深度 /m	$\frac{c(Cl^-)}{2c(SO_4^{2-})}$	盐渍土类型	土样编号	取土深度 /m	$\frac{c(Cl^-)}{2c(SO_4^{2-})}$	盐渍土类型
T2-1-1	1.0～1.2	5.81	氯盐渍土	T3-1-5	5.4～5.6	1.08	亚氯盐渍土
T2-1-2	2.0～2.2	26.92	氯盐渍土	T3-1-6	6.0～6.2	1.28	亚氯盐渍土
T2-1-3	3.0～3.2	18.78	氯盐渍土	T3-2-1	1.0～1.2	39.71	氯盐渍土
T2-1-4	4.0～4.2	29.35	氯盐渍土	T3-2-2	2.0～2.2	27.39	氯盐渍土
T2-1-5	5.0～5.2	8.68	氯盐渍土	T3-2-3	3.0～3.2	6.13	氯盐渍土
T2-2-1	1.0～1.2	21.55	氯盐渍土	T3-2-4	4.0～4.2	9.20	氯盐渍土
T2-2-2	2.0～2.2	29.47	氯盐渍土	T3-2-5	5.3～5.5	3.32	氯盐渍土
T2-2-3	3.0～3.2	18.51	氯盐渍土	T3-2-6	6.0～6.2	3.37	氯盐渍土
T2-2-4	4.0～4.2	7.58	氯盐渍土	T3-3-1	1.0～1.2	14.94	氯盐渍土
T2-2-5	5.0～5.2	6.41	氯盐渍土	T3-3-2	2.0～2.2	8.8	氯盐渍土
T3-1-1	1.0～1.2	1.85	亚氯盐渍土	T3-3-3	3.0～3.2	12.93	氯盐渍土
T3-1-2	2.0～2.2	2.25	氯盐渍土	T3-3-4	4.0～4.2	1.55	亚氯盐渍土
T3-1-3	3.0～3.2	2.29	氯盐渍土	T3-3-5	5.0～5.2	1.81	亚氯盐渍土
T3-1-4	4.0～4.2	6.67	氯盐渍土	T3-3-6	6.0～6.2	1.74	亚氯盐渍土

续表

土样编号	取土深度/m	$\frac{c(Cl^-)}{2c(SO_4^{2-})}$	盐渍土类型	土样编号	取土深度/m	$\frac{c(Cl^-)}{2c(SO_4^{2-})}$	盐渍土类型
T4-1-1	1.0～1.2	5.02	氯盐渍土	T4-2-1	1.0～1.2	8.30	氯盐渍土
T4-1-2	2.0～2.2	13.77	氯盐渍土	T4-2-2	2.0～2.2	17.50	氯盐渍土
T4-1-3	3.0～3.2	1.26	亚氯盐渍土	T4-2-3	3.0～3.2	4.73	氯盐渍土
T4-1-4	4.0～4.2	1.86	亚氯盐渍土	T4-2-4	4.0～4.2	3.74	氯盐渍土
T4-1-5	5.0～5.2	2.23	氯盐渍土	T4-2-5	5.0～5.2	1.99	亚氯盐渍土
T4-1-6	6.0～6.2	1.54	亚氯盐渍土	T4-2-6	6.0～6.2	2.20	氯盐渍土
T4-1-7	7.0～7.2	2.37	氯盐渍土	T4-2-7	7.0～7.2	1.64	亚氯盐渍土
T4-1-8	8.0～8.2	1.75	亚氯盐渍土	T4-2-8	8.0～8.2	1.99	亚氯盐渍土
T4-1-9	8.5～8.7	2.53	氯盐渍土	T4-2-9	8.5～8.7	2.19	氯盐渍土

注：表中 $c(Cl^-)$为氯离子在 100g 土中所含毫摩尔数，其他离子同。

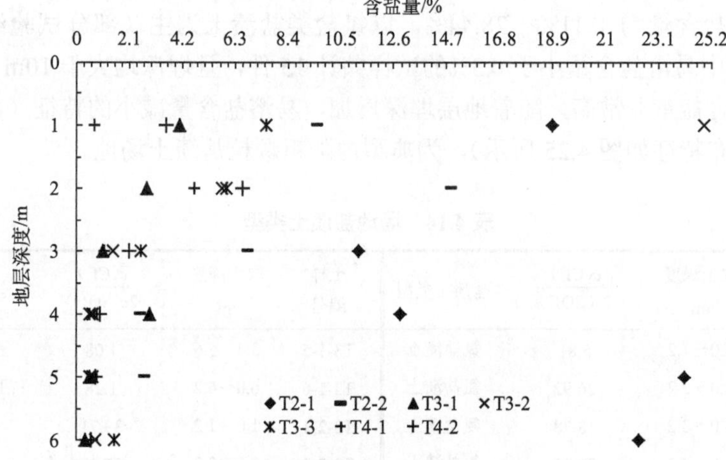

图 4.25　场地易溶盐含量分布特征

2）粒径级配

为了了解场地地层类型，根据相关规范要求，分别选取地层 3.0m、5.3m 和 8.5m 深度左右的 7 个试样，进行天然（含盐）和淋滤后（不含盐）两种状态下的颗粒分析试验。

试验结果表明：①不论洗盐前后，大于 2mm 样质量分数均大于 50%，为角砾；②洗盐后，大于 2mm 样的质量分数明显小于洗盐前（表 4.15），说明地基土颗粒表面包裹的盐晶体进行了充分溶解，使得洗盐前后的颗粒粒径发生了变化；③从粒径级配曲线可知（图 4.26 至图 4.28），曲线的不均匀系数 C_u 均大于 5，且曲率系数 C_c 介于 1 和 3 之间，说明地基土是级配良好的土。

表 4.15　地基土洗盐前后 2mm 样质量分数变化　　（单位：%）

工况	T2-1-6	T2-2-6	T3-1-7	T3-2-7	T3-3-7	T4-1-10	T4-2-10
洗盐前	68.9	75.2	75.5	70.7	71.1	83.6	69.3
洗盐后	62.5	68.8	63.7	60.5	64.8	74.2	69.2

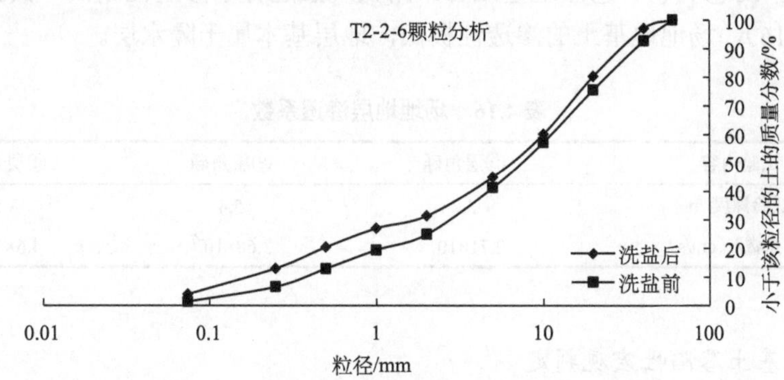

图 4.26　②层地基土洗盐前后典型颗粒分析曲线

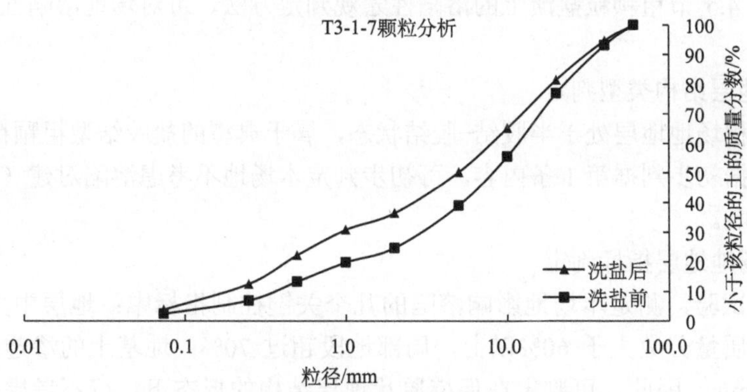

图 4.27　③层地基土洗盐前后典型颗粒分析曲线

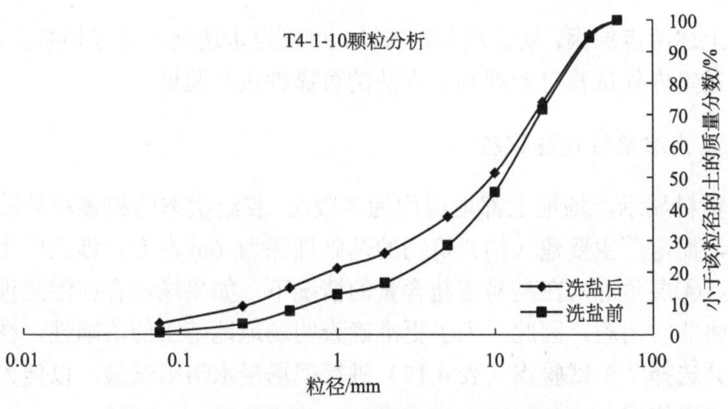

图 4.28　④层地基土洗盐前后典型颗粒分析曲线

3）渗透系数

渗透系数是影响盐渍地基土溶陷性的一个重要因素。若地层渗透性强，则地基土的潜蚀作用充分，地基土的溶陷变形大；若地层渗透性弱，即便易溶盐充分溶解，但地层如隔水层一样，潜蚀作用很难发生，则地基土遇水溶陷变形小。在本项目中，对②、③、④层地基土各采用试坑法进行了渗透性测试，试验结果显示（表 4.16），场地地基土的渗透性极低，地层基本属于隔水层。

表 4.16　场地地层渗透系数

试验内容	②层角砾	③层角砾	④层角砾
试验深度/m	3.2	5.4	8.5
渗透系数/（cm/s）	2.71×10^{-7}	3.68×10^{-7}	4.6×10^{-8}

3. 地基土溶陷性宏观判定

根据 4.5 节粗颗粒盐渍土的溶陷性宏观判定方法，可对场地溶陷性进行如下判定。

1）地层结构类型判定

本工程场地地层处于半胶结-胶结状态，属于典型的盐胶结型粗颗粒盐渍土，因此，根据初步判据第 1 条内容，可初步判定本场地不考虑溶陷对建（构）筑物安全的影响。

2）场地地层指标判定

通过试验，测定本场地影响溶陷的几个关键控制指标中：地层中大于 2mm 粒径颗粒质量分数大于 60%以上，局部地段超过 70%；地基土的渗透系数均小于 10^{-5} cm/s。因此，可判定在保持原状地层结构的形态下，可不考虑盐渍土的溶陷性。

结合上述两点原因，依宏观判定方法，可确定本场地不考虑地基土的溶陷性。下面将通过室内外试验对宏观判定方法的可靠性进行验证。

4. 地基土溶陷性现场试验

勘察资料显示，场地上部地层均为半胶结-胶结状态的粗颗粒盐渍土，厚度大于 40m，而电厂主要建（构）筑物的基础埋深为–6m 左右，涉及的主要受力层为②、③、④层角砾，在高易溶盐含量的情况下，如果场地存在溶陷性，地基方案的选择将非常困难。因此，为了更准确查明场地地基土的溶陷性，在地基土不同层位上共选择 7 个试验点（表 4.17）进行现场浸水溶陷试验，以便为设计提供更准确的支撑依据。

表 4.17　各试验点参数

点号	试坑尺寸（长×宽）/（m×m）	试坑深度/m	所在层位
T2-1	3×3	3.0	②层角砾
T2-2	3×3	3.2	②层角砾
T3-1	3×3	5.4	③层角砾
T3-2	3×3	5.3	③层角砾
T3-3	3×3	5.0	③层角砾
T4-1	3×3	8.5	④层角砾
T4-2	3×3	8.5	④层角砾

1）试验台搭建及仪器安装

现场溶陷试验的试验设备主要包括反力装置、油泵、发电机、测试仪器等几部分。其中，反力及观测装置主要由承压板、千斤顶、荷重传感器、位移传感器及反力堆载装置构成。

试验反力装置主要是通过在试坑顶部堆载实现的。试验时在试坑中央沿短轴方向布设两根 7m 长的工字梁（主梁），工字梁左右两侧 2m 处各放两根枕木，沿垂直主梁的方向均匀放置每根长约 7m 的工字钢，在工字钢上堆放装有砂子的袋子，并保证堆载土袋质量在所需荷载的 120%以上。试验台搭建过程中部分照片如图 4.29 所示。

图 4.29　试验台搭建

试验装置安装时，首先整平试坑地面，铺厚约 20mm 的中砂垫层，并用水平尺找平，承压板与试验面平整接触；其次安装载荷台架，其中心与承压板中心一致；然后安装沉降观测装置，且固定点置于基准梁上。

2）试验方法

现场浸水溶陷试验采用慢速维持荷载法。试验选取承压板面积为 5000cm^2，加载、卸载、稳定、停止加载等标准按照《建筑地基基础设计规范》（GB 50007—2011）的有关条款内容执行。具体试验要点如下。

（1）在挖试坑时应保持试验土层的原状结构和天然湿度，试坑中心处铺设 20mm 左右的粗砂层，然后在粗砂层上安放承压板。

（2）分两级加压，待加载到预定压力 P（200kPa）后，维持其不变，向试坑内均匀注水（淡水），保持水头高度为 30cm，浸水时间根据土的渗透性及地基土变形稳定确定，观测承压板的沉降，直至沉降稳定，并测得相应溶陷量 ΔS_{rx}。

（3）盐渍土地基试验土层的平均溶陷系数 δ 可用式（4.1）计算，其中本次试验湿润深度通过人工凿挖确定。

3）试验结果

根据相关规范对浸水溶陷试验的要求，保持 30cm 淡水水头浸水一周时间的工况下，地基土溶陷变形量值为 0.14～2.97mm，浸润深度为 300～650mm，溶陷系数均小于 0.01，为非溶陷性场地。试验结果（表 4.18 至表 4.28）表明：半胶结-胶结状的地层结构，地基土的渗透性极低，浸水工况下地层的原状结构基本没有发生变化，盐渍土的潜蚀变形很难发生，因此，地基土的溶陷变形量和溶陷变形系数都很小。

表 4.18　②层角砾 T②-1 试验点浸水载荷试验数据统计表

工程名称：新疆万向鄯善库木塔格热电联产工程　　试点编号：T②-1

压板面积：5000cm^2　　测试日期：2011.04.20

工况	荷载/kPa	本级沉降/mm	累计沉降/mm	本级时间/min	累计时间/min
加载	100	1.08	1.08	120	120
	200	0.59	1.67	120	240
	200	1.53	3.20	8100	8340
	300	0.08	3.28	150	8490
	400	0.55	3.83	180	8670
	500	0.16	3.99	120	8790
	600	0.28	4.27	120	8910
	700	0.38	4.65	150	9060
	800	0.85	5.50	360	9420
	900	0.37	5.87	150	9570
	1000	0.39	6.26	150	9720

续表

工况	荷载/kPa	本级沉降/mm	累计沉降/mm	本级时间/min	累计时间/min
卸载	800	–0.26	6.00	60	9780
	600	–0.34	5.66	60	9840
	400	–0.52	5.14	60	9900
	200	–0.50	4.64	60	9960
	0	–2.58	2.06	270	10 230

表 4.19 ②层角砾 T②-2 试验点浸水载荷试验数据统计表

工程名称：新疆万向鄯善库木塔格热电联产工程　　试点编号：T②-2

压板面积：5000cm^2　　测试日期：2011.04.20

工况	荷载/kPa	本级沉降/mm	累计沉降/mm	本级时间/min	累计时间/min
加载	100	1.44	1.44	150	150
	200	0.99	2.43	120	270
	200	2.97	5.40	9030	9300
	300	0.88	6.28	150	9450
	400	1.45	7.73	150	9600
	500	1.69	9.42	210	9810
	600	1.79	11.21	240	10 050
	700	1.84	13.05	270	10 320
	800	0.67	13.72	240	10 560
	900	1.03	14.75	150	10 710
	1000	0.97	15.72	150	10 860
卸载	800	–0.69	15.03	60	10 920
	600	–1.01	14.02	60	10 980
	400	–0.66	13.36	60	11 040
	200	–0.57	12.79	60	11 100
	0	–1.93	10.86	240	11 340

表 4.20 ③层角砾 T③-1 试验点浸水载荷试验数据统计表

工程名称：新疆万向鄯善库木塔格热电联产工程　　试点编号：T③-1

压板面积：5000cm^2　　测试日期：2011.03.28

工况	荷载/kPa	本级沉降/mm	累计沉降/mm	本级时间/min	累计时间/min
加载	100	0.56	0.56	120	120
	200	0.63	1.19	120	240

续表

工况	荷载/kPa	本级沉降/mm	累计沉降/mm	本级时间/min	累计时间/min
加载	200	2.62	3.81	5910	6150
	300	0.08	3.89	150	6300
	400	0.47	4.36	150	6450
	500	0.32	4.68	150	6600
	600	0.29	4.97	150	6750
	700	0.16	5.13	150	6900
	800	0.28	5.41	150	7050
	900	0.17	5.58	150	7200
	1000	0.18	5.76	120	7320
卸载	800	–0.08	5.68	60	7380
	600	–0.15	5.53	60	7440
	400	–0.13	5.40	60	7500
	200	–0.31	5.09	60	7560
	0	–1.55	3.54	240	7800

表 4.21　③层角砾 T③-2 试验点浸水载荷试验数据统计表

工程名称：新疆万向鄯善库木塔格热电联产工程　　试点编号：T③-2

压板面积：5000cm²　　测试日期：2011.03.31

工况	荷载/kPa	本级沉降/mm	累计沉降/mm	本级时间/min	累计时间/min
加载	100	0.11	0.11	120	120
	200	0.57	0.68	150	270
	200	2.64	3.32	7710	7980
	300	0.09	3.41	120	8100
	400	0.39	3.80	210	8310
	500	0.46	4.26	150	8460
	600	0.20	4.46	120	8580
	700	0.22	4.68	150	8730
	800	0.29	4.97	150	8880
	900	0.21	5.18	150	9030
	1000	0.30	5.48	150	9180
卸载	800	–0.15	5.33	60	9240
	600	–0.39	4.94	60	9300
	400	–0.46	4.48	60	9360
	200	–0.35	4.13	60	9420
	0	–0.61	3.52	240	9660

表 4.22　③层角砾 T③-3 试验点浸水载荷试验数据统计表

工程名称：新疆万向鄯善库木塔格热电联产工程　　试点编号：T③-3

压板面积：5000cm²　　测试日期：2011.04.20

工况	荷载/kPa	本级沉降/mm	累计沉降/mm	本级时间/min	累计时间/min
加载	100	0.92	0.91	150	150
	200	0.49	1.40	120	270
	200	0.91	2.31	9600	9870
	300	0.06	2.37	120	9990
	400	0.19	2.56	180	10 170
	500	0.68	3.24	210	10 380
	600	0.88	4.12	300	10 680
	700	0.48	4.60	210	10 890
	800	0.23	4.83	150	11 040
	900	0.18	5.01	120	11 160
	1000	0.21	5.22	150	11 310
卸载	800	–0.28	4.94	60	11 370
	600	–0.27	4.67	60	11 430
	400	–0.29	4.38	60	11 490
	200	–0.40	3.98	60	11 550
	0	–0.60	3.38	270	11 820

表 4.23　④层角砾 T④-1 试验点浸水载荷试验数据统计表

工程名称：新疆万向鄯善库木塔格热电联产工程　　试点编号：T④-1

压板面积：5000cm²　　测试日期：2011.05.5

工况	荷载/kPa	本级沉降/mm	累计沉降/mm	本级时间/min	累计时间/min
加载	100	0.98	0.98	120	120
	200	1.53	1.53	120	240
	200	0.14	1.67	7710	7950
	300	0.20	1.87	120	8070
	400	0.34	2.21	150	8220
	500	0.51	2.72	150	8370
	600	0.44	3.16	150	8520
	700	0.62	3.78	180	8700
	800	0.54	4.32	150	8850
	900	0.57	4.89	150	9000

表 4.24　④层角砾 T④-2 试验点浸水载荷试验数据统计表

工程名称：新疆万向鄯善库木塔格热电联产工程　　　　试点编号：T④-2

压板面积：5000cm^2　　　　测试日期：2011.04.21

工况	荷载/kPa	本级沉降/mm	累计沉降/mm	本级时间/min	累计时间/min
加载	100	1.66	1.66	120	120
	200	0.38	2.04	120	240
	200	1.56	3.60	8220	8460
	300	0.35	3.95	150	8610
	400	0.26	4.21	150	8760
	500	0.28	4.49	150	8910
	600	0.16	4.65	120	9030
	700	0.13	4.78	120	9150
	800	0.17	4.95	120	9270
	900	0.19	5.14	150	9420
	1000	0.13	5.27	180	9600
卸载	800	–0.08	5.19	60	9660
	600	–0.18	5.01	60	9720
	400	–0.16	4.85	60	9780
	200	–0.46	4.39	60	9840
	0	–2.40	1.99	270	10110

表 4.25　②层角砾浸水溶陷试验结果

参数	T2-1	T2-2
浸水沉降量 ΔS/mm	1.53	2.97
浸水深度 h_s/mm	380	650
溶陷系数 $\delta=\dfrac{\Delta S}{h_s}$	0.004	0.0046
平均溶陷系数	0.0043	

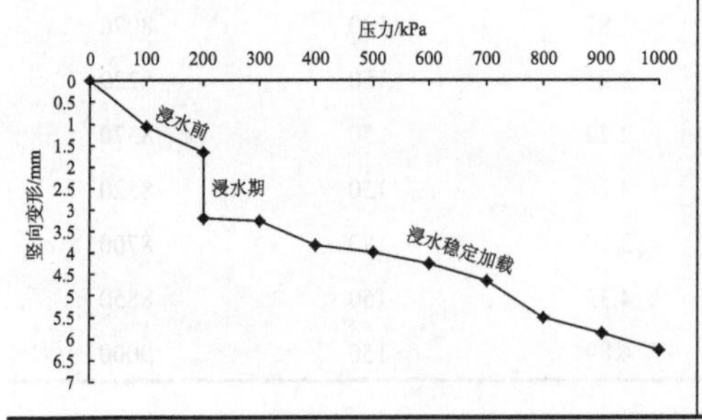

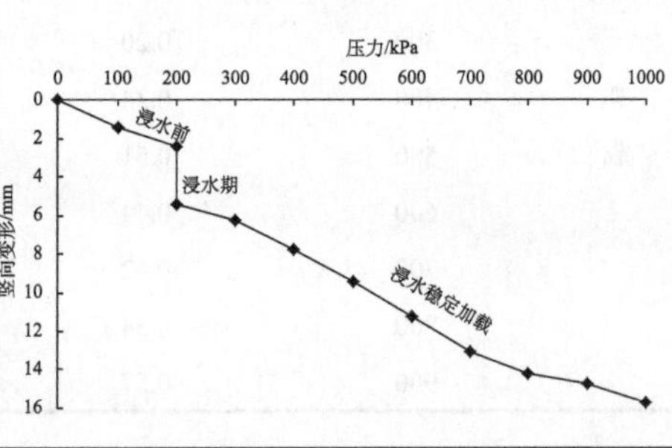

表 4.26　③层角砾浸水溶陷试验结果

参数	T3-1	T3-2
浸水沉降量 ΔS/mm	2.62	2.64
浸水深度 h_s/mm	300	350
溶陷系数 $\delta=\dfrac{\Delta S}{h_s}$	0.0087	0.0075

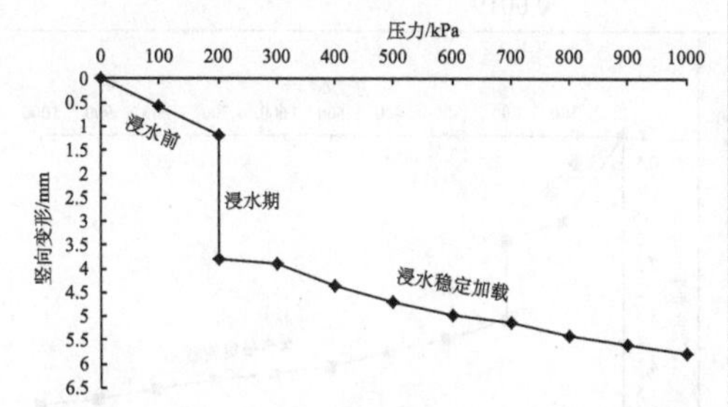

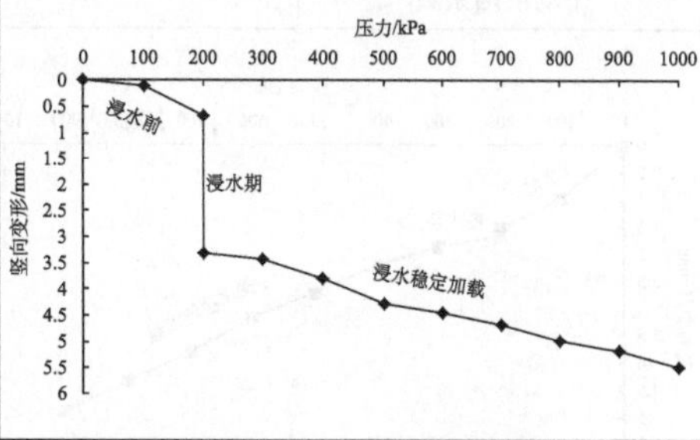

表 4.27　③层角砾浸水溶陷试验结果续表

参数	T3-3
浸水沉降量 ΔS/mm	0.91
浸水深度 h_s/mm	610
溶陷系数 $\delta=\dfrac{\Delta S}{h_s}$	0.0015
③层土平均溶陷系数	0.0059

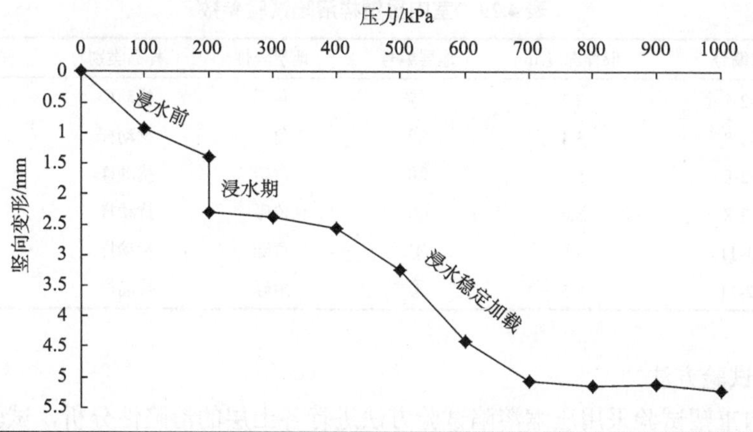

表 4.28　④层角砾浸水溶陷试验结果

参数	T4-1	T4-2
浸水沉降量 ΔS/mm	0.14	1.56
浸水深度 h_s/mm	590	440
溶陷系数 $\delta=\dfrac{\Delta S}{h_s}$	0.000 24	0.003 5
平均溶陷系数	0.0019	

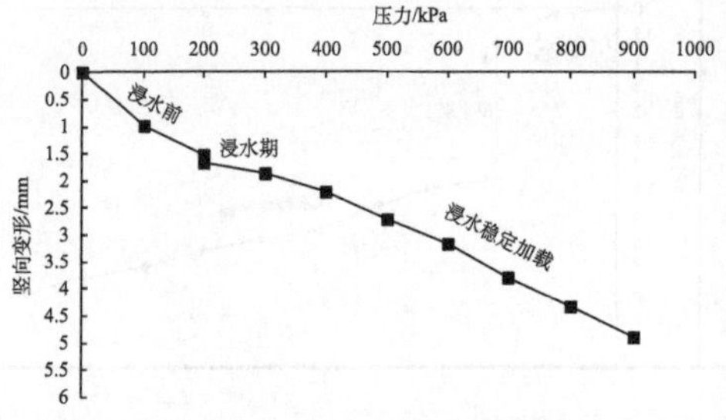

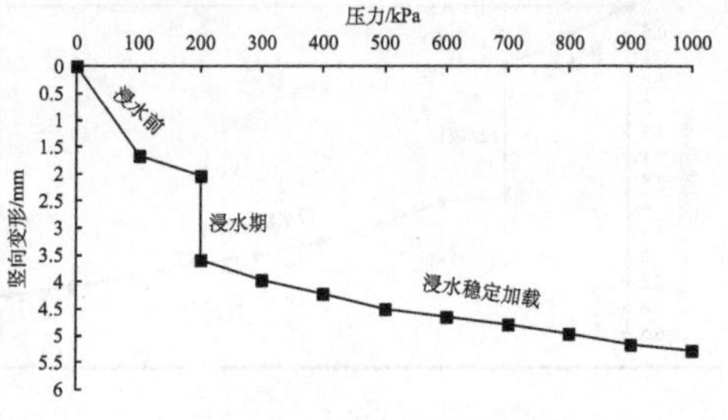

5. 地基土溶陷性室内试验

为了研究室内试验与现场试验的相关性，对应现场试验点的位置，在每个试坑底取对应的扰动样，并依现场测得的地层密度及含水率进行室内重塑样的试验，试验样品参数见表 4.29。

表 4.29　室内重塑样溶陷试验参数

样品编号	取样深度/m	地层编号	地层岩性	样品类别	试验项目
T2-2-7	3.2	②	角砾	扰动样	溶陷
T3-1-8	5.4	③	角砾	扰动样	溶陷
T3-2-8	5.3	③	角砾	扰动样	溶陷
T3-3-8	5.0	③	角砾	扰动样	溶陷
T4-1-11	8.5	④	角砾	扰动样	溶陷
T4-2-11	8.5	④	角砾	扰动样	溶陷

1）试验方法

室内重塑试验采用压缩溶陷试验方法进行各土层的溶陷性分析，试验仪器包括压缩固结仪、百分表、环刀及制件仪等。试验步骤如下。

（1）仪器校正。根据每层土样的取土深度，计算上部荷载值，按相应的荷载进行仪器校正，并记录读数。

（2）制样。用制件仪根据现场土体的含水率和密度进行重塑制样。

（3）压缩固结。按每种土样计算所得的上部荷载值 P，给每种土样施加相应荷载，每隔一小时记录百分表读数，直至读数稳定（连续两小时内百分表读数差不大于0.1），记录读数。

（4）溶陷试验。土样固结稳定后，给压缩固结仪中添加蒸馏水，每隔一小时记录百分表的读数，直至百分表读数稳定（连续两小时内百分表读数差不大于0.1），记录读数。

（5）结果整理。将百分表的读数换算成mm，按式（4.2）计算溶陷系数。

2）试验结果

室内试验是对应于现场各试验点坑底取样进行的重塑样试验。现场地层处于胶结半成岩状态，地层密度相当大，而室内由于试验条件限制，试验过程中有两点无法完全模拟现场环境。

（1）地层密度。根据室内测试，重塑样密度最大只能是2.1g/cm^3。

（2）渗透系数。室内重塑样的渗透系数明显高于现场，有利于地基土中易溶盐的溶解和潜蚀变形。

事实上，室内结果（表4.30）也表现出了由于密实度和渗透系数影响，溶陷系数高于现场试验测试结果的特征：①总体上，室内测试每一层土的溶陷系数都要大于现场浸水试验的结果；②室内试验，重塑样渗透性强，有些样点表现为地基土是溶陷性的，但各层土综合显示结果为非溶陷性土。

表4.30　室内重塑试验溶陷测试结果

地层编号	样品编号	地层岩性	溶陷系数	平均溶陷系数	溶陷性判定
②	T2-1-7	角砾	0.01	0.008	非溶陷性
	T2-2-7	角砾	0.006		
③	T3-1-8	角砾	0.007	0.009	非溶陷性
	T3-2-8	角砾	0.011		
	T3-3-8	角砾	0.01		
④	T4-1-11	角砾	0.007	0.0065	非溶陷性
	T4-2-11	角砾	0.006		

6. 小结

本工程采用3种方法对场地粗颗粒盐渍土的溶陷性进行分析评价，各种评价结果的总体结论基本一致，但结合场地特性可以看出：对于粗颗粒盐渍土，不同评价方法的适宜性和局限性还是比较明显。

（1）现场浸水溶陷试验方法是最能准确评价地基土溶陷性的试验方法，可以准确计算地基土溶陷系数、变形模量，评价地基土的溶陷等级和获得地基土承载力特征值等。但不足之处是，现场浸水溶陷试验受机械设备、试验用水、交通便利条件及严酷的现场环境等影响，试验周期大（通常一个试验点需要 15 天时间）、试验费用高（一组试验费用近 30 万），前期工程投入太高。

（2）粗颗粒盐渍土溶陷性的宏观判定方法，需要测定的指标不需动用大型机械设备，也不需大量水资源，测定、评价时间短，投入费用低，评价结果可靠，但对评价人工程经验、专业知识掌握等的要求较高。缺点是，该方法目前还无法对溶陷等级给出明确的界定。

（3）室内试验是重塑土试验，对于粗颗粒盐渍土来说，室内试验的缺陷有两点：一是难以模拟现场易溶盐分布形态，二是难以模拟现场地层结构特征。因此，客观来说，室内试验在与现场环境不符的情况下，是无法准确评价地基土溶陷性的。实际工程中，不建议用室内试验结果去评价场地的溶陷性能。

4.6.2 新疆神火动力站工程

1. 工程及场地概况

新疆神火动力站工程位于新疆维吾尔自治区昌吉回族自治州的吉木萨尔县境内，厂址地处吉木萨尔县准东煤电煤化工产业带五彩湾煤电煤化工园区，吉木萨尔县城正北约 140km，隶属五彩湾，厂址紧邻 G216 国道，交通较为便利。

该工程为新建工程，静态总投资额为 48.82 亿元。工程于 2012 年 5 月正式开工建设，至 2014 年 5 月 29 日 $1^{\#}$机通过 168 小时整套试运行并投入商业运行。

工程建设场地地处戈壁荒漠，地貌单元属丘陵残积区，地表呈戈壁荒漠景观（图 4.30）。场地内除残留的小山丘外，地形较为平坦开阔，厂区高程为 560～570m，总的地势为西北高东南低。

勘察资料显示：建设场地上部为典型的砂砾类盐渍土，地层主要为角砾和粉细砂，地层结构呈散体状（图 4.31）；下部地层为泥岩、砂岩。场地地层情况见表 4.31，有关地基土物理力学指标见表 4.32。

2. 场地盐渍土特征

1）易溶盐

本工程初步设计、施工图及现场试验阶段，共计取易溶盐样 143 件，试验测得易溶盐含量为 0.18%～2.58%，以亚硫酸盐渍土和亚氯盐渍土为主，少量为氯盐渍土（部分试验结果见表 4.33）。其中地基土 3m 以内易溶盐含量均大于 0.3%，但随着地层深度加大，易溶盐含量呈减小特征（部分易溶盐剖面分部特征如图 4.32

所示)，为典型内陆粗颗粒盐渍土场地。

图 4.30　工程场地原始地貌

图 4.31　场地砂类土散体状地层结构

表 4.31　场地地层分布情况表

层号	地层名称	岩性特征
①$_1$	填土	灰色、青灰色、褐黄色为主，干燥，松散状态，厚度小，主要分布于通往煤矿的简易道路。为角砾、卵石回填
①	粉砂	褐黄色，干燥，松散状态，分布于整个场地地表，土质不均匀，含有砾

续表

<table>
<tr><th colspan="2">层号</th><th>地层名称</th><th>岩性特征</th></tr>
<tr><td colspan="2">②1</td><td>角砾</td><td>灰色、青灰色、褐黄色为主，干燥-稍湿，中密状态，颗粒多呈次棱角状、棱角状，局部与砾砂呈互层状。此层易溶盐含量高，呈层状分布，局部略有盐渍胶结现象，土层中可见盐斑、盐晶发育</td></tr>
<tr><td colspan="2">②</td><td>角砾</td><td>灰色、青灰色、褐黄色为主，干燥-稍湿，中密-密实状态，颗粒多呈次棱角状、棱角状，局部与砾砂呈互层状。局部略有盐渍胶结现象，呈层状分布，土层中可见盐斑、盐晶发育</td></tr>
<tr><td colspan="2">③</td><td>粉砂</td><td>褐黄色-灰黄色，局部为褐红色，干燥-稍湿，密实状态，局部夹粉土、粉质黏土透镜体，此层主要呈透镜体分布于角砾与基岩之间</td></tr>
<tr><td rowspan="2">④</td><td>④1</td><td>泥岩</td><td>灰黄色、棕红色，泥质结构，水平层理构造，陡倾节理裂隙发育，组织结构大部分被破坏，遇水力学性质有所降低</td></tr>
<tr><td>④2</td><td>砂岩</td><td>灰黄色、棕红色、青灰色，碎屑结构，钙质胶结，水平、陡倾节理裂隙发育</td></tr>
</table>

表 4.32　地基土主要物理力学性质指标表

地层编号及岩性名称	天然含水量 ω/%	天然重度 γ/（kN/m³）	天然孔隙比 e	塑性指数 I_p/%	液性指数 I_L	压缩系数 $a_{1\text{-}2}$ /MPa⁻¹	压缩模量 $E_{s1\text{-}2}$ /MPa	c /kPa	Φ /（°）	动力触探试验 $N_{63.5}$/击	承载力特征值 f_{ak}/kPa
②1层角砾	5～8	20	—	—	—	—	（10）	—	35	33.2	160（饱和）
②层角砾	5～8	20	—	—	—	—	（22）	—	38	35.9	300
③层粉砂	6	18.8	0.67	10.6	0.09	0.014	15	22.9	30.4	30.7	280
④1层泥岩	5.34	24.4	—	—	—	—	（30.5）	—	—	33.8	300
④2层砂岩	5.85	24.3	—	—	—	—	（37.5）	—	—	34.6	>600

表 4.33　场地盐渍土类型

土样编号	取土深度/m	$\frac{c(Cl^-)}{2c(SO_4^{2-})}$	盐渍土类型	土样编号	取土深度/m	$\frac{c(Cl^-)}{2c(SO_4^{2-})}$	盐渍土类型
T2-1-1	0.5～0.7	0.66	亚硫酸盐渍土	T2-1-8	4.0～4.2	2.76	氯盐渍土
T2-1-2	1.0～1.2	3.17	氯盐渍土	T2-1-9	4.5～4.7	1.39	亚氯盐渍土
T2-1-3	1.5～1.7	1.74	亚氯盐渍土	T2-1-10	5.0～5.2	4.15	氯盐渍土
T2-1-4	2.0～2.2	0.82	亚硫酸盐渍土	T2-1-11	6.0～6.2	1.28	亚氯盐渍土
T2-1-5	2.5～2.7	2.40	氯盐渍土	T2-2-1	0.5～0.7	1.67	亚氯盐渍土
T2-1-6	3.0～3.2	1.51	亚氯盐渍土	T2-2-2	1.0～1.2	2.46	氯盐渍土
T2-1-7	3.5～3.7	1.45	亚氯盐渍土	T2-2-3	1.5～1.7	0.31	亚硫酸盐渍土

续表

土样编号	取土深度/m	$\frac{c(Cl^-)}{2c(SO_4^{2-})}$	盐渍土类型	土样编号	取土深度/m	$\frac{c(Cl^-)}{2c(SO_4^{2-})}$	盐渍土类型
T2-2-4	2.0～2.2	0.24	亚硫酸盐渍土	T3-1-3	1.5～1.7	0.44	亚硫酸盐渍土
T2-2-5	2.5～2.7	0.47	亚硫酸盐渍土	T3-1-4	2.0～2.2	0.82	亚硫酸盐渍土
T2-2-6	3.0～3.2	0.20	亚硫酸盐渍土	T3-1-5	2.5～2.7	0.41	亚硫酸盐渍土
T2-2-7	3.5～3.7	0.20	亚硫酸盐渍土	T3-1-6	3.0～3.2	0.65	亚硫酸盐渍土
T2-2-8	4.0～4.2	0.76	亚硫酸盐渍土	T3-1-7	3.5～3.7	0.64	亚硫酸盐渍土
T2-2-9	4.5～4.7	5.05	氯盐渍土	T3-1-8	4.0～4.2	0.37	亚硫酸盐渍土
T2-2-10	5.0～5.2	0.43	亚硫酸盐渍土	T3-1-9	4.5～4.7	1.27	亚氯盐渍土
T2-2-11	6.0～6.2	5.11	氯盐渍土	T3-1-10	5.0～5.2	0.52	亚硫酸盐渍土
T3-1-1	0.5～0.7	4.24	氯盐渍土	T3-1-11	6.0～6.2	1.16	亚氯盐渍土
T3-1-2	1.0～1.2	1.39	亚氯盐渍土				

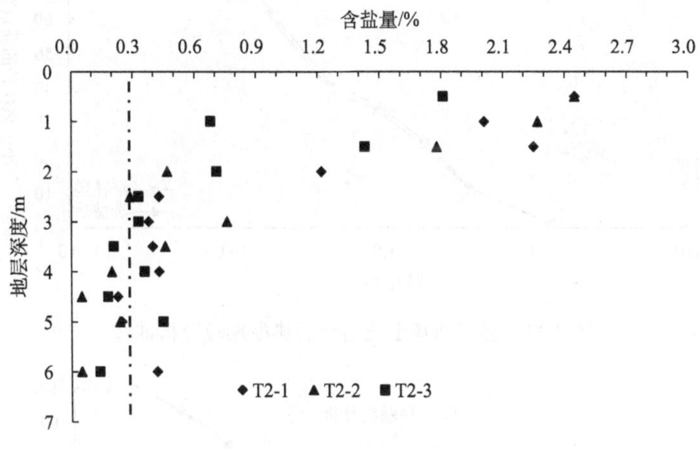

图 4.32　场地易溶盐含量分布特征

2）粒径级配

在场地不同位置地层埋深 2.0m 深度取 3 件试样，进行天然（含盐）和淋滤后（不含盐）两种状态下的颗粒分析试验。试验结果如下。

（1）不论洗盐前后，大于 2mm 样质量分数均在 50%以上，说明地层为角砾土。

（2）洗盐后，大于 2mm 样的质量分数明显小于洗盐前的（表 4.34），说明地基土颗粒表面包裹的盐晶体进行了充分溶解，使得洗盐前后的颗粒粒径发生了变化；同时也说明，如果盐分发生充分溶解或地基土中的溶解和潜蚀充分作用的话，对地基土的溶陷是有利的。

（3）从粒径级配曲线可知（图 4.33 至图 4.35），曲线的不均匀系数 C_u 均大于 5，且曲线比较光滑，说明地基土是级配良好的。在此情况下，地基土颗粒之间接触、充填充分，地基土密实，地基土结构比较稳定，相对来说有利于抑制易溶盐溶解后的沉降变形。

表 4.34　地基土洗盐前后大于 2mm 样质量分数变化　（单位：%）

工况	T2-1-14	T2-2-14	T2-3-14
洗盐前	60.02	63.14	60.31
洗盐后	58.86	61.67	56.54

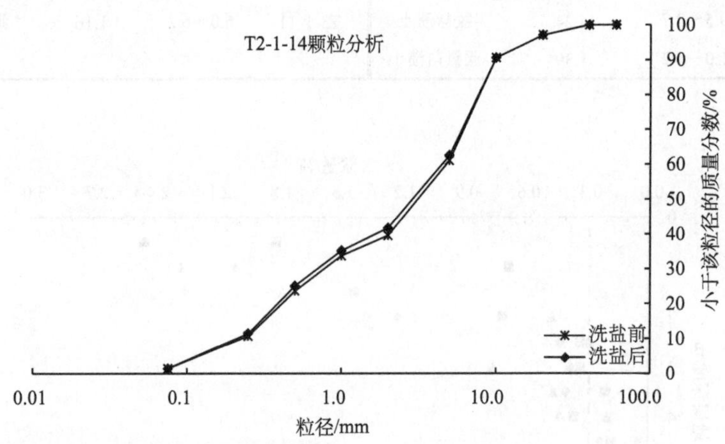

图 4.33　②层地基土洗盐前后典型颗粒分析曲线

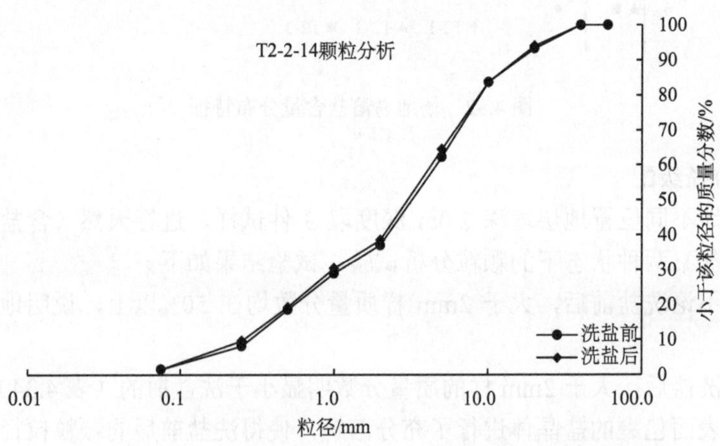

图 4.34　②层地基土洗盐前后典型颗粒分析曲线

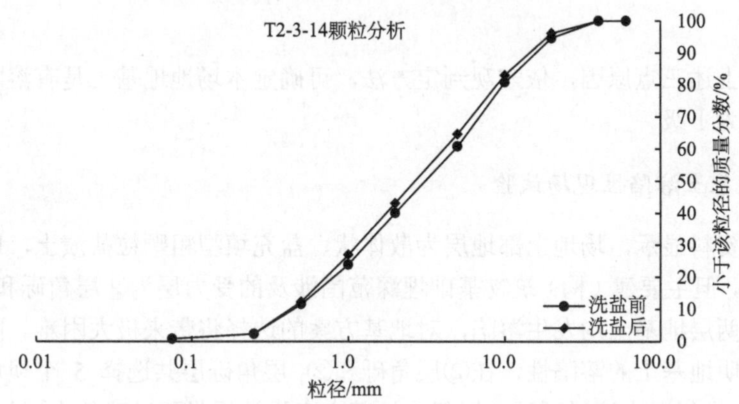

图 4.35　②层地基土洗盐前后典型颗粒分析曲线

3）渗透系数

采用试坑法，对本工程建（构）筑物可能涉及的主要持力层$②_1$层角砾和②层角砾渗透系数进行测试，试验结果见表 4.35。试验结果显示，场地地基土的渗透系数较大，渗透性强，遇水潜蚀作用比较强烈。

表 4.35　场地地层渗透系数

试验内容	$②_1$层角砾	②层角砾
试验深度/m	0.5	2.0
天然密度/（g/cm^3）	2.0	2.1
渗透系数/（cm/s）	9.7×10^{-4}	9.7×10^{-4}

3. 地基土溶陷性宏观判定

根据 4.5 节粗颗粒盐渍土的溶陷性宏观判定方法，可对场地溶陷性进行如下判定。

1）地层结构类型判定

由图 4.31 可知，本工程场地地层结构属散体状，可人工开挖，地层开挖剖面自稳能力一般，振动可发生坍塌，属于典型的盐充填型粗颗粒盐渍土，因此，根据地层结构，可初步判定本场地在遇水工况下盐渍土地层化学溶蚀和潜蚀作用强，具备发生溶陷的可能。

2）场地地层指标判定

通过试验，测定本场地影响溶陷的几个关键控制指标中：地基土的渗透系数为 9.7×10^{-4} cm/s，大于 10^{-5} cm/s；洗盐后，地层中 2mm 粒径以上颗粒质量分数不超过 60%；地层中存在层状、窝状分布的易溶盐，且上部地层中易溶盐含量在 1%

左右。

结合上述三点原因，依宏观判定方法，可确定本场地地基土是有溶陷性的，溶陷等级为Ⅰ级。

4. 地基土溶陷性现场试验

勘察资料显示，场地上部地层为散体状、盐充填型粗颗粒盐渍土，地层厚度变化较大，但主要建（构）筑物基础埋深范围涉及的受力层为②层角砾和$②_1$层角砾，若这两层地基土均发生溶陷，对地基方案的选择将带来极大困难。因此，为更准确查明地基土的溶陷性，在②层角砾和$②_1$层角砾层共选择 5 个现场试验点（表 4.36）进行浸水溶陷试验，以便为地基方案设计提供更准确的支撑依据。

表 4.36　各试验点参数

点号	试坑尺寸（长×宽）/（m×m）	试坑深度/m	所在层位
T②-1	3×3	2.0	②层角砾
T②-2	3×3	2.0	②层角砾
T②-3	3×3	2.0	②层角砾
T$②_1$-1	3×3	0.7	$②_1$层角砾
T$②_1$-2	3×3	0.9	$②_1$层角砾

1）试验台搭建及仪器安装

试验设备、仪器安装、仪器类型等均与 4.6.1 节工程实例试验所用仪器一致，本工程试验台搭建及仪器安装照片见图 4.36、图 4.37。

2）试验方法

现场浸水溶陷试验采用慢速维持荷载法。试验选取承压板面积为 5000cm^2，加载、卸载、稳定、停止加载等标准按照《建筑地基基础设计规范》（GB 50007—2011）的有关条款内容执行。具体试验要点如下。

图4.36 试验台搭建

图4.37 设备安装及调试

（1）试坑应快速开挖，并保持试验土层的原状结构和天然湿度，试坑中心处铺设20mm左右的粗砂层，然后在粗砂层上安放承压板。

（2）分两级加压，待加载到预定压力200kPa时，维持压力不变，向试坑内均匀注入淡水，浸水期间保持水头高度为30cm，浸水时间根据土的渗透性及地基土变形稳定确定，观测承压板的沉降，直至沉降稳定，并测得相应溶陷量ΔS。

（3）试验土层的平均溶陷系数δ可用式（4.1）计算，其中本次试验湿润深度通过机械开挖确定。

3）试验结果

根据相关规范对浸水溶陷试验的要求，保持 30cm 淡水水头浸水一周时间的工况下，地基土的溶陷变形量值为 5.61～29.43mm，其中②$_1$ 层角砾的浸水溶陷变形值为 22.9～29.43 mm，②层角砾的浸水溶陷变形值为 5.61～6.51mm；②层角砾的浸润深度为 1100～1300mm，②$_1$ 层角砾的浸润深度为 3000～3300mm。计算所得②$_1$ 层地基土的平均溶陷系数为 0.022，②层地基土的平均溶陷系数为 0.00192。

②$_1$ 层和②层地基土溶陷系数相差明显，主要原因是两地层之间易溶盐含量差异较大，且②$_1$ 层中有层状展布的易溶盐盐层（图 4.31），在高渗透性的作用下，②$_1$ 层地基土中的化学溶蚀和物理潜蚀作用都比较强烈，地基土溶陷变形值也大，为溶陷性土层，而②层地基土，由于含盐量明显减小，且部分中溶盐还没有得到完全溶解（图 4.38），因此，仅易溶盐的溶解对地基土沉降变形影响不大，且地层的强渗透性使得浸水深度相当大，故根据溶陷计算结果，②层土为非溶陷性地基土。

试验结果见表 4.37 至表 4.42。

图 4.38　②层地基土浸水后载荷板下含盐量图

表 4.37　②$_1$ 层角砾 T②$_1$-1 试验点浸水载荷试验数据统计表

工程名称：新疆神火动力站工程　　试点编号：T②$_1$-1

压板面积：5000cm^2　　测试日期：2011.05.31

工况	荷载/kPa	本级沉降/mm	累计沉降/mm	本级时间/min	累计时间/min
加载	100	0.79	0.79	150	150
	200	1.55	2.34	180	330
	200	22.9	25.24	9810	10 140
	300	2.32	27.56	660	10 800
	400	3.11	30.67	450	11 250

续表

工况	荷载/kPa	本级沉降/mm	累计沉降/mm	本级时间/min	累计时间/min
加载	500	3.41	34.08	420	11 670
	600	3.89	37.97	570	12 240
	700	4.16	42.13	930	13 170
	800	5.89	48.02	780	13 950
卸载	600	−0.29	47.73	60	14 010
	400	−0.48	47.25	60	14 070
	200	−0.74	46.51	60	14 130
	0	−2.90	43.61	780	14 910

表 4.38　②$_1$ 层角砾 T②$_1$-2 试验点浸水载荷试验数据统计表

工程名称：新疆神火动力站工程　　试点编号：T②$_1$-2

压板面积：5000cm^2　　测试日期：2011.05.26

工况	荷载/kPa	本级沉降/mm	累计沉降/mm	本级时间/min	累计时间/min
加载	100	1.82	1.82	150	150
	200	1.89	3.71	150	300
	200	29.43	33.14	10440	10 740
	300	5.98	39.12	480	11 220
	400	5.91	45.03	690	11 910
	500	4.39	49.42	90	12 000
卸载	300	−0.71	48.71	60	12 060
	0	−7.56	41.15	180	12 240

表 4.39　②层角砾 T②-2 试验点浸水载荷试验数据统计表

工程名称：新疆神火动力站工程　　试点编号：T②-2

压板面积：5000cm^2　　测试日期：2011.05.08

工况	荷载/kPa	本级沉降/mm	累计沉降/mm	本级时间/min	累计时间/min
加载	100	2.53	2.53	120	120
	200	1.92	4.45	150	270
	200	5.61	10.06	8190	8460
	300	1.39	11.45	150	8610
	400	1.94	13.39	210	8820
	500	2.15	15.54	300	9120
	600	2.13	17.67	330	9450

续表

工况	荷载/kPa	本级沉降/mm	累计沉降/mm	本级时间/min	累计时间/min
加载	700	2.04	19.71	300	9750
	800	1.94	21.65	300	10 050
	900	2.07	23.72	330	10 380
	1000	2.84	26.56	300	10 680
卸载	800	−1.07	25.49	60	10 740
	600	−0.54	24.95	60	10 800
	400	−0.82	24.13	60	10 860
	200	−1.20	22.93	60	10 920
	0	−3.65	19.28	780	1170

表 4.40　②层角砾 T②-2 试验点浸水载荷试验数据统计表

工程名称：新疆神火动力站工程　　　　试点编号：T②-2

压板面积：5000cm^2　　　　测试日期：2011.05.08

工况	荷载/kPa	本级沉降/mm	累计沉降/mm	本级时间/min	累计时间/min
加载	100	2.98	2.98	150	150
	200	1.77	4.75	180	330
	200	6.51	11.26	8250	8580
	300	1.17	12.43	210	8790
	400	2.25	14.68	270	9060
	500	2.17	16.85	420	9480
	600	2.85	19.70	390	9870
	700	1.45	21.15	270	10 140
	800	1.91	23.06	270	10 410
	900	3.32	26.38	270	10 680
	1000	3.04	29.42	300	10 980
卸载	800	−0.42	29.00	60	11 040
	600	−0.93	28.07	60	11 100
	400	−0.87	27.20	60	11 160
	200	−1.19	26.01	60	11 220
	0	−4.27	21.74	780	12 000

表 4.41　②$_1$层角砾浸水溶陷试验结果

指标	T②$_1$-1	T②$_1$-2
浸水沉降量 ΔS/mm	22.9	29.43
浸水深度 h_s/mm	1300	1100
溶陷系数 $\delta=\dfrac{\Delta S}{h_s}$	0.0176	0.0267
平均溶陷系数	0.022	

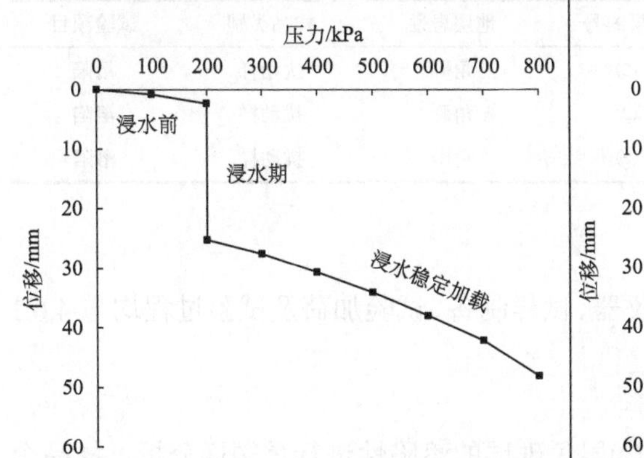

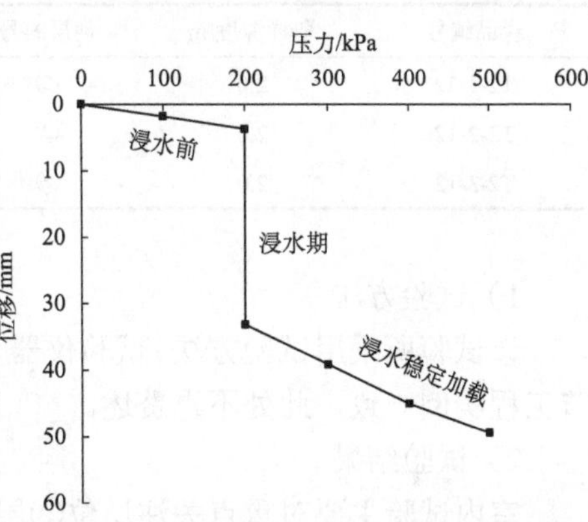

表 4.42　②层角砾浸水溶陷试验结果

指标	T②-2	T②-3
浸水沉降量 ΔS/mm	5.61	6.51
浸水深度 h_s/mm	3000	3300
溶陷系数 $\delta=\dfrac{\Delta S}{h_s}$	0.00187	0.00197
平均溶陷系数	0.001 92	

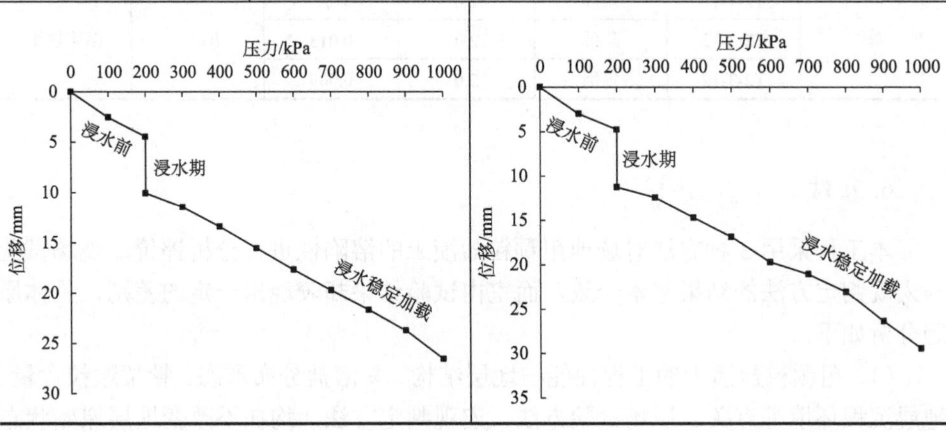

5. 地基土溶陷性室内试验

本工程室内试验主要对②层角砾的溶陷性进行室内外相关性对比研究。取样位置为现场试验点坑底，并依现场测得的地层密度及含水率进行室内重塑样的试验，试验样品参数见表4.43。

表4.43　室内重塑样溶陷试验参数

样品编号	取样深度/m	地层编号	地层岩性	样品类别	试验项目
T2-1-12	2.0	②	角砾	扰动样	溶陷
T2-2-12	2.0	②	角砾	扰动样	溶陷
T2-3-12	2.0	②	角砾	扰动样	溶陷

1）试验方法

该试验所采用试验方法、试验仪器、试样制备、试验加荷及试验过程均与4.6.1节工程实例一致，此处不再赘述。

2）试验结果

室内试验主要对重点关注层位②层角砾层的溶陷性进行重塑样分析，样品全部取于②层试验坑的坑底。类似的情况是，室内试验在地层密度、渗透系数上很难控制到与现场环境一致，因此室内试件多表现为孔隙率高、渗透性强，骨架颗粒的稳定性弱，遇水后的变形较现场要大。本工程室内试件的遇水变形，同样体现出这样的特征，试验结果见表4.44。

表4.44　室内重塑试验溶陷测试结果

地层编号	样品编号	地层岩性	取样深度/m	溶陷系数	平均溶陷系数	溶陷性判定
②	T2-1-12	角砾	2.0	0.01	0.011	溶陷性土
	T2-2-12	角砾	2.0	0.013		
	T2-3-12	角砾	2.0	0.009		

6. 小结

本工程采用3种方法对场地粗颗粒盐渍土的溶陷性进行分析评价，现场试验与宏观判定方法的结果基本一致，而室内试验结果却表现出一定的差别，具体原因分析如下。

（1）粗颗粒盐渍土的工程性能与地层结构、易溶盐分布形态、骨架颗粒含量、地层沉积环境等有关。现场试验方法、宏观判定方法，均在不改变地层原始状态的工况下进行工程性能的判定，而室内试验很难模拟出现场实际环境，出现结果的差异在所难免。

（2）室内试验取样的代表性、尺寸效应等也是影响准确判定粗颗粒盐渍土工程性能重要影响因素。

（3）此工程渗透系数大，②$_1$层角砾易溶盐含量大于 1%，且存在层状易溶盐富集层，因此遇水发生溶陷；②层地基土中大多部位虽然易溶盐含量大于 0.3%，但均小于 1%，且很难看到易溶盐富集层，因此，即便渗透性比较大，也很难发生溶陷变形。这同时也反映了宏观判定方法的可靠性。

4.6.3　新疆国信准东煤电工程

1. 工程及场地概况

新疆国信准东煤电项目工程位于新疆维吾尔自治区昌吉回族自治州的奇台县境内，厂址地处奇台县正北偏东约 120km 处的准东煤电煤化工产业园区内，奇台县城北偏东约 130km，厂址西距 S228 省道约 14km，交通较为便利。

该工程为新建工程，静态总投资额为 48.39 亿元。工程于 2014 年 6 月正式开工建设，至 2017 年 12 月 16 日 1$^{\#}$机通过 168 小时整套试运行并投入商业运行。

工程建设场地地处戈壁荒漠，地貌单元属山前冲洪积平原区，区内植被稀少，地表呈荒地景观（图 4.39），场地属于国有未利用荒草地，地形较为平坦开阔，厂区高程为 714.42～722.46m，总的地势呈北高东低、南西低，并由北东向南西微倾态势。

勘察资料显示，建设场地上部为典型的砾类盐渍土，地层主要为角砾，地层结构成呈散体状（图 4.40）；下部地层为砾岩、泥岩。场地地层情况见表 4.45，有关地基土物理力学指标见表 4.46。

图 4.39　工程场地原始地貌

图 4.40 场地砾类散体状地层结构

表 4.45 场地地层分布情况表

层号	地层名称	层厚/m	岩性特征
①$_1$	角砾	0.4～2.5	灰色、青灰色、黄褐色为主，干-稍湿，稍密-中密，以中密为主，该层广泛分布于地表
①	角砾	0.5～6.3	灰色、青灰色、黄褐色为主，干-稍湿，中密-密实，一般粒径 10～30mm，颗粒多呈次棱角状或少量亚圆形，局部呈半胶结状。该层层位稳定，分布广泛
②$_1$	砾岩	0.4～5.0	强风化。以青灰色、褐红色为主，钙质胶结。母岩组织结构已基本破坏，岩心成碎块状，该层在厂区分布较广泛，出露深度不稳定
②$_2$	砾岩	0.5～6.4	中等风化。以青灰色、灰黄色、褐红色为主，钙质胶结。岩心较完整，呈短柱状。该层在主厂房地段及 750kV 构架地段分布较集中、广泛，其他地段分布零乱，部分地段无出露
③$_1$	泥岩	0.3～7.4	强风化。褐黄色-灰黄色，局部为褐红色，干燥-稍湿，密实状态，局部夹粉土、粉质黏土透镜体，此层主要呈透镜体分布于角砾与基岩之间
③$_2$	泥岩	>5	中等风化。以棕红色为主，岩心较为坚硬，呈长柱状。泥质结构，水平层理构造，节理裂隙较发育

表 4.46 地基土主要物理力学性质指标表

地层编号及岩性名称	天然含水量 ω/%	天然重度 γ/（kN/m^3）	塑性指数 I_P/%	液性指数 I_L	压缩系数 $a_{1\text{-}2}$ /MPa^{-1}	压缩模量 $E_{s1\text{-}2}$ /MPa	c /kPa	φ /（°）	动力触探试验 $N_{63.5}$/击	承载力特征值 f_{ak}/kPa
①$_1$层角砾	5~8	20	—	—	—	（9）	—	35	13～>50	150（饱和）
①层角砾	5~8	20	—	—	—	（18）	—	38	18～>50	250
②$_1$层砾岩	—	22	—	—	—	—	5	40	>50	400
②$_2$层砾岩	—	24	—	—	—	—	300	38	>50	600
③$_1$层泥岩	—	21	—	—	—	—	35	27	>50	350
③$_2$层泥岩	—	23.2	—	—	—	—	200	30	>50	600

2. 场地盐渍土特征

1）易溶盐

本工程可行性研究、初步设计、施工图及现场试验各阶段，共计取易溶盐样 83 件，试验测得易溶盐含量为 0.10%～1.45%，盐类成分主要为氯盐和硫酸盐的复合型盐渍土。从地层剖面（图 4.40）可知：地基土中无呈层状分布的厚层易溶盐，地基土中易溶盐含量相对较低，但仍然是粗颗粒盐渍土地层。

地基土中易溶盐含量及分布特征见图 4.41 及表 4.47。

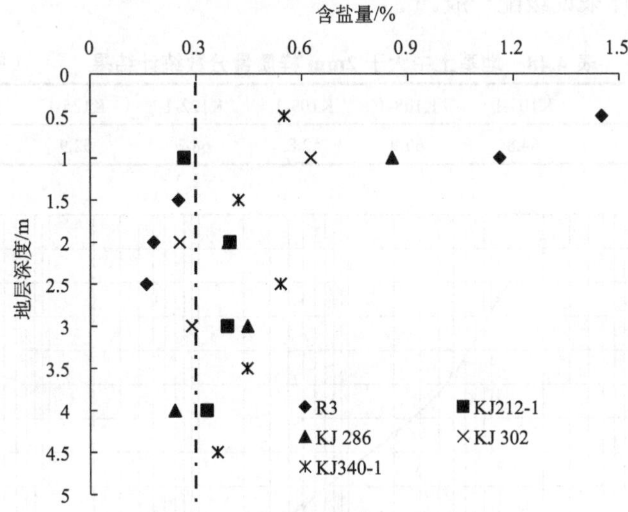

图 4.41　场地易溶盐含量分布特征

表 4.47　场地盐渍土类型

土样编号	取土深度/m	$\frac{c(Cl^-)}{2c(SO_4^{2-})}$	盐渍土类型	土样编号	取土深度/m	$\frac{c(Cl^-)}{2c(SO_4^{2-})}$	盐渍土类型
R3-1	0.5	1.01	亚氯盐渍土	KJ340-1	0.5	0.28	硫酸盐渍土
R3-2	1.0	0.79	亚硫酸盐渍土	KJ340-2	1.5	9.75	氯盐渍土
R3-3	1.5	2.23	氯盐渍土	KJ340-3	2.5	2.70	氯盐渍土
R3-4	2.0	3.63	氯盐渍土	KJ340-4	3.5	2.71	氯盐渍土
R3-5	2.5	1.45	亚氯盐渍土	KJ340-5	4.5	0.65	亚硫酸盐渍土
KJ212-1	1.0	0.35	亚硫酸盐渍土	KJ286-1	1.0	0.10	硫酸盐渍土
KJ212-2	2.0	2.00	亚氯盐渍土	KJ286-2	2.0	0.57	亚硫酸盐渍土
KJ212-3	3.0	1.59	亚氯盐渍土	KJ286-3	3.0	0.13	硫酸盐渍土
KJ212-4	4.0	0.67	亚硫酸盐渍土	KJ286-4	4.0	0.45	亚硫酸盐渍土
KJ302-1	1.0	1.97	亚氯盐渍土				
KJ302-2	2.0	0.44	亚硫酸盐渍土				
KJ302-3	3.0	0.70	亚硫酸盐渍土				

2）粒径级配

考虑到散体状地层骨架颗粒周围包裹易溶盐晶体少、洗盐前后颗粒粒径级配差异不大等因素，对散体状充填型粗颗粒盐渍土后续颗粒粒径分析时，未再进行洗盐对比。

本工程对角砾土共取样 6 件进行颗粒分析，试验结果见表 4.48。试验结果表明：①地基土中大于 2mm 颗粒的质量分数均超过 50%，说明地基土为角砾土；②粒径级配曲线显示（图 4.42 至图 4.44），曲线的不均匀系数 C_u 大于 5，曲线比较光滑，但 C_c 均小于 1，说明地基土级配不连续，较大颗粒粒径含量比较低，属不均匀土，总体来说级配一般。

表 4.48　地基土中大于 2mm 样质量分数统计结果　　（单位：%）

粒径	K103-1	K108-1	K109-1	K122-1	K125-1	K131-1
大于 2mm	64.8	60.9	52.8	68.2	52.9	56.6

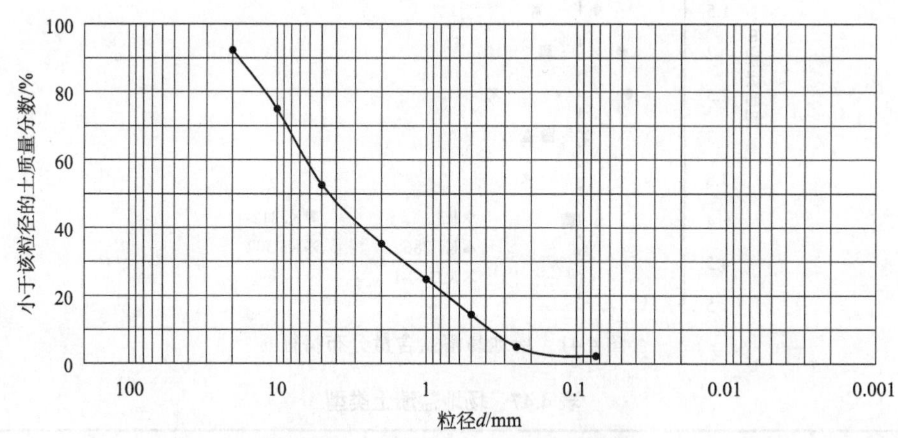

图 4.42　K103-1 试样颗粒分析曲线

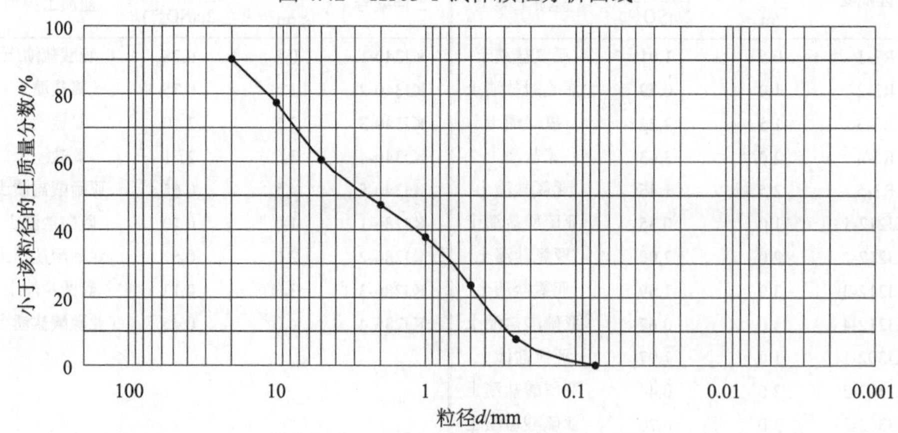

图 4.43　K109-1 试样颗粒分析曲线

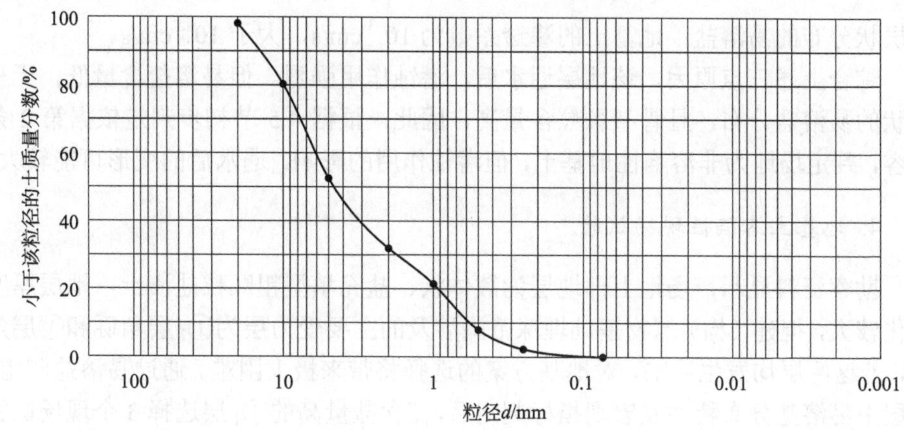

图 4.44　K122-1 试样颗粒分析曲线

3）渗透系数

采用试坑法，对本工程建（构）筑物可能涉及的主要持力层①$_1$ 层角砾和①层角砾渗透系数进行测试，试验结果见表 4.49。试验结果显示，场地地基土的渗透系数较大，渗透性强。据此推断遇水潜蚀作用应该比较强烈。

表 4.49　场地地层渗透系数

试验内容	①$_1$ 层角砾	①层角砾
试验深度/m	0.5	2.1
天然密度/（g/cm^3）	1.9	2.0
渗透系数/（cm/s）	1.6×10^{-3}	8.7×10^{-3}

3. 地基土溶陷性宏观判定

根据 4.5 节粗颗粒盐渍土的溶陷性宏观判定方法，可对场地溶陷性进行如下判定。

1）地层结构类型判定

由图 4.40 可知，本工程场地地层结构属散体状，可人工开挖，地层开挖剖面自稳能力一般，振动可发生坍塌，属于典型的盐充填型粗颗粒盐渍土，因此，根据地层结构，可初步判定本场地在遇水工况下盐渍土地层化学潜蚀作用强，具备发生溶陷的可能。

2）场地地层指标判定

通过试验，测定本场地影响溶陷的几个关键控制指标中：地层 2mm 粒径以上颗粒的质量分数大都超过 60%；地层中易溶盐含量大都在 1%以下，地层中无呈层状分布的易溶盐；地基土的渗透系数为 10^{-3} cm/s，大于 10^{-5} cm/s。

综合上述三点原因，该地层遇水后，潜蚀作用强烈。但易溶盐含量低，无呈层状的易溶盐分布，且骨架颗粒含量高，因此，根据 4.5 节初步判定依据第 2 条内容，判定场地为非溶陷性地基土，但潜蚀作用的影响，遇水后的变形可能较大。

4. 地基土溶陷性现场试验

勘察资料显示，场地上部地层为散体状、盐充填型粗颗粒盐渍土，地层厚度变化较大，但建（构）筑物基础埋深范围涉及的主要受力层为①$_1$ 层角砾和①层角砾，若这两层均发生溶陷，对地基方案的选择将带来极大困难。通过易溶盐测定、地层中易溶盐分布特性及宏观指标判定后，在含盐量高的①$_1$ 层选择 3 个现场试验点（表 4.50）进行浸水溶陷试验，考虑到室内试验结果可靠性受限，本工程未进行室内重塑土的溶陷试验。

表 4.50　各试验点参数

试验点	试坑尺寸（长×宽）/（m×m）	试坑深度/m	所在层位
R1	3×3	0.5	①$_1$ 层角砾
R2	3×3	0.5	①$_1$ 层角砾
R3	3×3	0.5	①$_1$ 层角砾

1）试验台搭建及仪器安装

试验设备、仪器安装、仪器类型等均同 4.6.1 节工程实例试验一致。试验反力装置主要是通过在试坑顶部堆载实现的，并保证堆载质量在所需荷载的 1.2 倍以上。

2）试验方法

现场浸水溶陷试验采用慢速维持荷载法。试验选取承压板面积为 5000cm^2，加载、卸载、稳定、停止加载等标准按照《建筑地基基础设计规范》（GB 50007—2011）的有关条款内容执行。

试验浸水、加/卸载、数据采集、计算方法等同 4.6.1 节相关内容，此处不再赘述。

3）试验结果

根据相关规范对浸水溶陷试验的要求，保持 30cm 淡水水头浸水一周时间的工况下，地基土的溶陷变形量为 10.65～27.98mm，溶陷系数为 0.002～0.0056，平均溶陷系数 0.004，为非溶陷性场地。

浸水试验结果见表 4.51 至表 4.55。分析可知，本工程中无成层状分布的易溶盐，且易溶盐含量相对较小（大部分小于 1%），地基土骨架颗粒含量高，因此，遇水时地基土的溶蚀作用和潜蚀作用相对较弱，溶陷变形量和溶陷系数均较小。

表 4.51　①$_1$ 层角砾 R1 试验点浸水载荷试验数据统计表

工程名称：国信准东 2×660MW 煤电项目工程　　试点编号：R1

压板面积：5000cm^2　　测试日期：2013.09.08

工况	荷载/kPa	本级沉降/mm	累计沉降/mm	本级时间/min	累计时间/min
加载	100	1.36	1.35	150	150
	200	1.37	2.73	150	300
	200	18.8	21.53	9840	10140
	300	2.21	23.74	360	10500
	400	6.91	30.65	780	11280
	500	5.22	35.87	480	11760
	600	8.92	44.79	1170	12930
	700	4.59	49.38	660	13590
卸载	400	–0.49	48.89	60	13650
	200	–0.68	48.21	60	13710
	0	–3.94	44.27	780	14490

表 4.52　①$_1$ 层角砾 R2 试验点浸水载荷试验数据统计表

工程名称：国信准东 2×660MW 煤电项目工程　　试点编号：R2

压板面积：5000cm^2　　测试日期：2013.09.08

工况	荷载/kPa	本级沉降/mm	累计沉降/mm	本级时间/min	累计时间/min
加载	100	1.25	1.25	150	150
	200	0.91	2.16	150	300
	200	10.65	12.81	9780	10080
	300	3.55	16.36	510	10590
	400	7.30	23.66	660	11250
	500	6.93	30.59	450	11700
	600	9.37	39.96	900	12600
	700	6.95	46.91	510	13110
卸载	400	–0.90	46.01	60	13170
	200	–1.19	44.82	60	13230
	0	–4.62	40.20	780	14010

表 4.53　①$_1$层角砾 R3 试验点浸水载荷试验数据统计表

工程名称：国信准东 2×660MW 煤电项目工程　　试点编号：R3

压板面积：5000cm^2　　测试日期：2013.09.21

工况	荷载/kPa	本级沉降/mm	累计沉降/mm	本级时间/min	累计时间/min
加载	100	1.20	1.20	150	150
	200	1.14	2.34	150	300
	200	27.98	30.32	8520	8820
	300	5.95	36.27	540	9360
	400	8.21	44.48	630	9990
	500	7.39	51.87	690	10680
	600	7.21	59.08	810	11490
	700	4.40	63.48	120	11610
卸载	400	–0.64	62.84	60	11670
	200	–0.87	61.97	60	11730
	0	–4.06	57.91	780	12510

表 4.54　①$_1$层角砾浸水溶陷试验结果

指标	R1	R2
浸水沉降量 ΔS/mm	18.80	10.65
浸水厚度 h_s/mm	4000	4700
溶陷系数 $\delta=\dfrac{\Delta S}{h_s}$	0.005	0.002

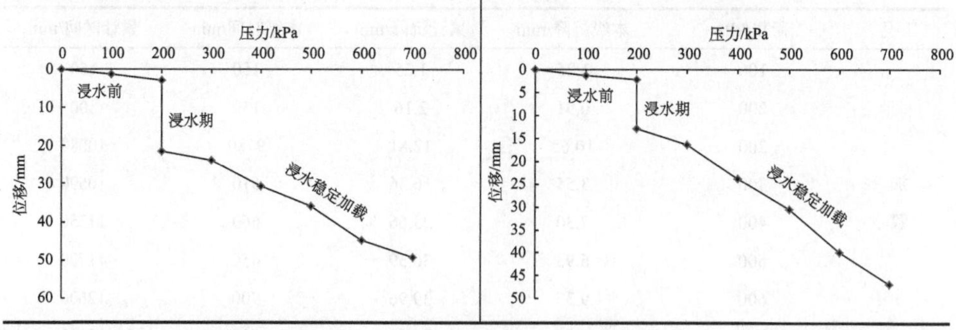

5. 小结

本工程采用宏观判定法与现场试验两种方法对场地粗颗粒盐渍土的溶陷性进行分析评价，判定结果基本一致。

表 4.55　①$_1$层角砾浸水溶陷试验结果续表

指标	R3
浸水沉降量 ΔS/mm	27.98
浸水厚度 h_s/mm	5000
溶陷系数 $\delta=\dfrac{\Delta S}{h_s}$	0.0056

压力/kPa	0	100	200	300	400	500	600	700	800

4.7　结　　论

通过上述 3 个工程实例溶陷性能的详细分析和综合判定，可以获得以下结论。

（1）通过关键控制指标建立的粗颗粒盐渍土溶陷性宏观判定法与现场试验结果基本一致，对于时间紧、工期短、试验条件受限、费用受控的项目，该方法的优点非常明显。粗颗粒盐渍土溶陷性宏观判定法源于工程实践，已很好地指导了实际工程。

（2）地层结构性能、易溶盐分布形态对地基土溶陷的影响是关键性的。无论是宏观判定法，还是现场试验法，关键分析因素的把握对结果的准确判定具有决定性的影响。

（3）3 个工程实例各自特点：新疆鄯善库姆塔格热电厂为盐胶结型粗颗粒盐渍土场地，地层结构致密、渗透性极低；新疆神火动力站工程场地为盐充填型粗颗粒盐渍土场地，表层地基土中易溶盐含量高，且盐分的成层性特征明显；新疆国信准东煤电工程场地为盐分充填型粗颗粒盐渍土场地，易溶盐含量大于 0.3%，但大多小于 1%，且地基土中易溶盐无层状分布特征。3 个工程场地的地层结构、易溶盐分布特征及含量控制了场地的溶陷性。

第 5 章　粗颗粒盐渍土地基的盐胀性

5.1　粗颗粒盐渍土的盐胀机理

盐渍土的盐胀与一般膨胀土的膨胀机理不同。一般膨胀土的膨胀主要是土中含有的强亲水性黏土矿物吸水后导致土体膨胀；而盐渍土的膨胀，尽管有的也是由于土体吸水产生膨胀（如碳酸盐盐渍土），而更多的却主要是因失水或温度降低导致盐类结晶膨胀（如硫酸盐盐渍土），且后者的危害一般比较大。

盐渍土地基的盐胀一般可分为两类：结晶盐胀与非结晶盐胀。结晶盐胀是指盐渍土因温度降低或失去水分后，溶于土孔隙水中的盐分浓缩并析出结晶所产生的体积膨胀，如硫酸盐盐渍土的盐胀；非结晶膨胀是指盐渍土中存在着大量的吸附性阳离子，具有较强的吸附性，遇水后很快与胶体颗粒相互作用，并在胶体颗粒和黏土颗粒的周围形成稳固的结合水薄膜，从而减小颗粒的黏聚力，使之相互分离，引起土体膨胀，如碳酸盐盐渍土（碱土）的盐胀。在地基基础工程中结晶膨胀的危害较大。

当温度小于 32.4℃时，硫酸钠的溶解度随温度升高而增大的现象很明显（参见图 5.1）。因此，对日温差较大的地区（如我国西北地区），盐渍土在一天之内会产生“膨胀”和“收缩”的变化。因为夜间硫酸钠因低温溶解度较小，极易形成过饱和溶液，这时盐分从溶液中析出成为 $Na_2SO_4·10H_2O$ 结晶，体积增大三倍多，土体结构遭到破坏。但据一些资料显示，这种危害发生的土层厚度一般较浅。

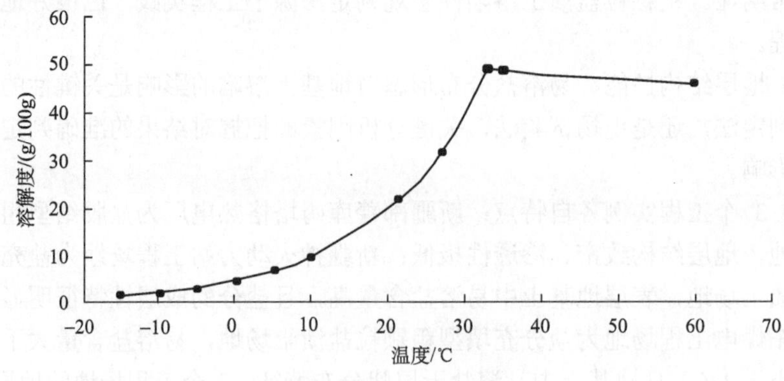

图 5.1　硫酸钠的溶解度曲线

另一种膨胀破坏是由年温差引起的。在我国西北地区，年降雨量很小，天然地基常处于干燥状态，加之夏季高温的作用，土中的水分蒸发，所以，土中较深部位的结晶 $Na_2SO_4 \cdot 10H_2O$ 往往失水而变成无水芒硝，一旦在这种地基上进行施工，将导致水不断地渗入地下，或由于地下水位变化及地表径流的影响，改变了原来处于极干燥状态的土的含水率，无水芒硝就会结合水分子形成 $Na_2SO_4 \cdot 10H_2O$ 结晶，产生体积膨胀。因这种盐胀常发生在结构物基础以下，故可导致结构物的破坏。

5.2　粗颗粒盐渍土盐胀性影响因素

影响粗颗粒盐渍土盐胀性的因素，主要包括 Na_2SO_4 含量、气温变化、地基土的渗透性、含水量。

1. Na_2SO_4 含量

研究资料表明，盐渍土中硫酸钠含量的多寡是控制地基土膨胀与否的主要因素之一。土的孔隙水中盐的浓度和膨胀之间呈很好的指数关系，当硫酸钠浓度超过 $0.2g/cm^3$ 时，膨胀量显著增大。陈炜韬（2005）等发现随着地基土中 Na_2SO_4 含量的增加，盐渍土的膨胀率明显增加，但当硫酸钠盐渍土中 NaCl 含量达一定程度时，NaCl 的增加对地基土的盐胀有明显的抑制作用；吴青柏（2001）等通过室内试验，对有无 Na_2SO_4 富集层的粗颗粒盐渍土进行了盐胀试验，发现有 Na_2SO_4 富集层的粗颗粒盐渍土与 Na_2SO_4 分散在地基土中的盐胀有明显的区别，前者的变形量要明显大于后者。

2. 气温变化

盐渍土的盐胀，是土中液态或粉末状的硫酸钠在外界条件变化时吸水结晶而产生体积膨胀所造成的。促使硫酸钠结晶的外界条件主要是温度的变化，因为硫酸钠的溶解度对温度的变化非常敏感。

盐渍土的盐胀量随温度降低而增加。一般在 15℃左右开始有盐胀反应，至零下 6℃时，盐胀量基本趋于稳定，并且在–6～0℃的范围内，盐胀变化的速率最大，一般完成总盐胀量的 90%以上（图 5.2）。吴青柏等（2001）通过室内试验发现，对于 Na_2SO_4 分散在颗粒中的盐渍土，盐胀的敏感区间为 0～7℃，而形成 Na_2SO_4 富集层后，盐胀的敏感区间主要在+3～+7℃及+12～+15℃。程东幸等（2011a）通过现场试验发现，对于 Na_2SO_4 分散在颗粒中的盐渍土，盐胀的敏感区间主要在 6℃之下的范围。可见温度对盐胀的影响与 Na_2SO_4 在地基中的分布形态有着明显的关系。

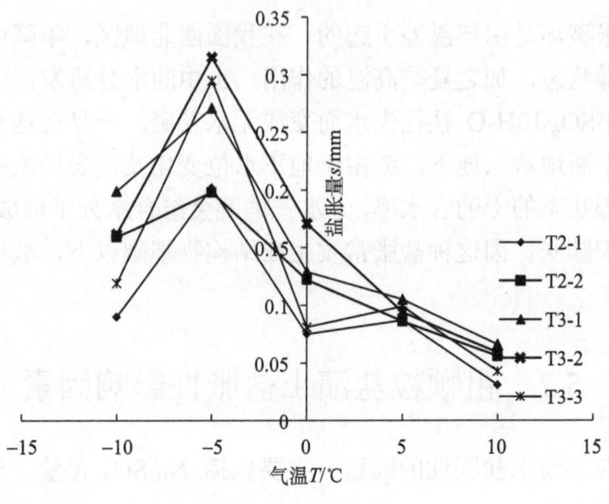

图 5.2　盐胀与气温关系

3. 地基土的渗透性

研究表明，细颗粒盐渍土的盐胀性明显强于粗颗粒盐渍土的盐胀性，主要原因在于细粒土孔隙度小、渗透性弱，硫酸钠遇水体积膨胀后难以通过孔隙释放或耗散。粗颗粒土通常情况下孔隙大、渗透性强，因此，在粗颗粒盐渍土场地，盐胀一般对建（构）筑物的影响不大。但作者根据室内外试验研究发现，粗颗粒盐渍土主要分为盐胶结型和盐充填型两类。对于盐充填型粗颗粒盐渍土，Na_2SO_4主要以分散的形式分布于地基土中，盐胀引起的地基土变形主要通过孔隙耗散掉，而对于胶结型粗颗粒盐渍土，盐分即使不以富集的方式存在，小的孔隙比和无法耗散的变形，足以对建（构）筑物的安全造成影响。

4. 含水量

水是盐渍土地基产生盐胀的必要条件，因此含水量对盐胀有重要的影响。试验发现，当地基土含水量较低时，随着含水量增加，盐胀率明显增加，但当含水量达到一定值时，地基土的盐胀率达到最大，此时的含水量约为土体的最优含水量。之后，随着含水量的增加，地基土盐胀率反而减少，这是因为当含水量达到最优含水量时，土体已经达到最佳夯实密度，土体的孔隙率也较小，土颗粒容易随 Na_2SO_4 吸水膨胀而变形。

5.3　粗颗粒盐渍土盐胀性评价

5.3.1　粗颗粒盐渍土盐胀性评价指标

粗颗粒盐渍土的盐胀性主要通过测定盐胀系数δ_{yz}（表 5.1 及表 5.2）来判定。盐胀系数主要通过现场试验和室内重塑试验测得。

表 5.1　盐渍土的盐胀性分类

盐胀性指标	非盐胀性	弱盐胀性	中盐胀性	强盐胀性
盐胀系数 δ_{yz}	$\delta_{yz} \leqslant 0.01$	$0.01 < \delta_{yz} \leqslant 0.02$	$0.02 < \delta_{yz} \leqslant 0.04$	$\delta_{yz} > 0.04$
硫酸钠含量 C_{ssn} /%	$C_{ssn} \leqslant 0.5$	$0.5 < C_{ssn} \leqslant 1.2$	$1.2 < C_{ssn} \leqslant 2.0$	$C_{ssn} > 2.0$

注：当盐胀系数和硫酸钠含量两个指标判断的盐胀性不一致时，应以硫酸钠含量为主。

表 5.2　盐渍土地基土的盐胀等级

盐胀等级	总盐胀量 S_{yz} /mm
Ⅰ级　弱盐胀	$30 < S_{yz} \leqslant 70$
Ⅱ级　中盐胀	$70 < S_{yz} \leqslant 159$
Ⅲ级　强盐胀	$S_{yz} > 150$

盐胀系数可根据式（5.1）计算，即

$$\delta_{yz} = \frac{S_{yz}}{H} \tag{5.1}$$

式中，δ_{yz}为盐胀系数；S_{yz}为最大盐胀量（mm），测试方法有野外测试法和室内测试法两种；H为有效盐胀区厚度（mm）。

5.3.2　粗颗粒盐渍土盐胀性现场试验

1. 试验方法

现场试验方法主要包括测试盐胀量与盐胀厚度的单点法和多点法，以及测试盐胀力的现场浸水监测法。现就各类方法阐述如下。

1）单点法

a. 试验时间

最好选择在温差变化大的季节，如秋末冬初。

b. 试验位置

根据岩土工程勘察资料，结合场地 Na_2SO_4 平面和剖面分布特征、建（构）

筑物平面布置、基础埋深等选择试验位置。

c. 试验设备

高精度水准仪 1 台（读数精确到 0.05mm）、带读尺的深层观测标杆若干个、地面观测板一块、铟钢尺一个。

d. 试验步骤

（1）在试验位置平整地面上砌筑一高不低于 0.3m 且长和宽均不小于 4m 的围水墙，在其中心安放地面观测板，并在 3m 深度范围内，每隔 0.5m 设置深层观测标杆。

（2）在围水墙内保持 0.3m 水头均匀注水，直至浸水深度超过 1.5 倍标准冻结深度时为止，并观测地面及各观测标的沉降，直至沉浸稳定。

（3）进行停止注水后的变形观测，每日观测两次，早 6 时，午后 3 时，直至盐胀量趋于稳定。

e. 试验结果汇总

将不同深度处测点位移逐日汇总，编绘盐胀曲线（图 5.3），并由图 5.3 得出该场地地基的有效盐胀取厚度 h_{yz} 和总盐胀量 S_{yz}。

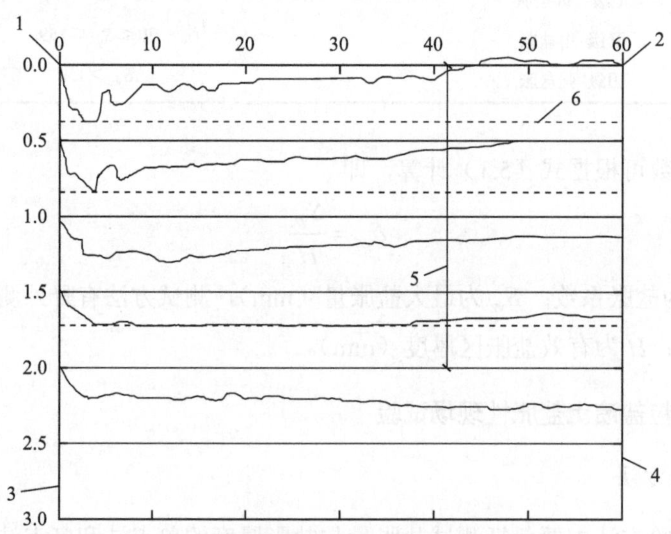

1. 停止注水；2. 时间（天）；3. 深度（m）；4. 测点位移（mm）；5. 有效盐胀区高度（h_{yz}）；6. 总盐胀量（S_{yz}）

图 5.3　现场盐胀性试验曲线示意图

2）多点法

（1）在盐渍土场地选择破坏状况有代表性的三块测试地点：①无盐胀，表面平整；②一般盐胀，表面有裂纹；③严重盐胀，表面裂纹鼓包。

（2）每个测试地点长和宽宜为 20～30cm，用射钉在地面上布点，测点间距纵向 1.5m，横向 1.0m，每个测试地点不宜少于 100 点。

（3）9 月上旬以前将固定观测点用水平仪测量一次高程，作为盐胀前基本高程。此后，至次年 3 月，每月测 1～2 次，确定最大盐胀量高程。

（4）本点冬季年度总盐胀量 S_{yz} 按式（5.2）计算，即

$$S_{yz} = S_{max} - S_0 \tag{5.2}$$

$$\overline{\delta_{yz}} = \Delta h / h_{yz} \tag{5.3}$$

式中，S_{max} 为平均最大盐胀量高度（mm）；S_0 为盐胀前平均路面高程（mm）；Δh 为年度盐胀量（mm）；h_{yz} 为盐胀深度（mm），无可靠资料或无方法确定时可取 1600～2000mm。

3）盐胀力现场浸水测试法

该方法可实现真实环境下盐渍土盐胀发生的实时自动数据采集，减少已有试验中人为观测误差性；同时，该监测系统可解决室内盐胀试验中易溶盐分布形态及地层原状结构破坏、现场试验难以测定盐胀力等缺陷；该监测系统还能够有效结合地温场、水分场、变形及应力等对盐渍土盐胀机理及盐胀性能进行综合研究。该方法的实施，主要应关注以下几点。

a. 试验时间

最好选择在温差变化大的季节，如秋末冬初。

b. 试验位置

根据岩土工程勘察资料，结合场地 Na_2SO_4 平面和剖面分布特征、主要建（构）筑物平面布置、基础埋深等选择试验位置。

c. 仪器设备

粗颗粒盐渍土盐胀力现场监测系统主要由堆载装置、水分监测装置、地温监测装置、应力-应变监测装置及数据采集装置等组成（图 5.4）。

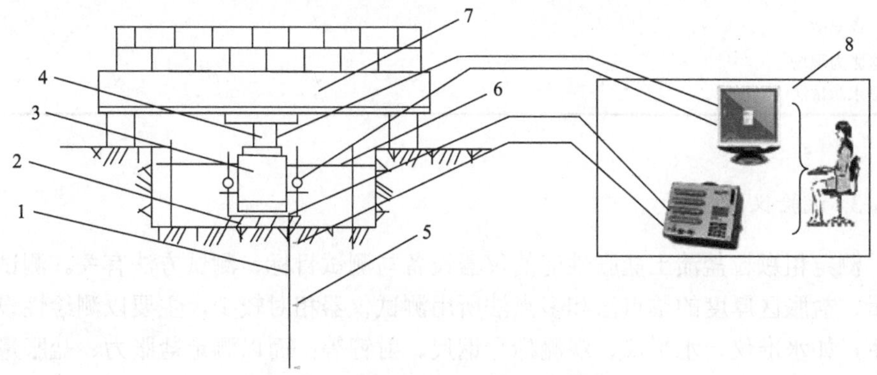

图 5.4　粗颗粒盐渍土盐胀力测试系统

1. 热敏元器件；2. 承压板；3. 千斤顶；4. 压力传感器；5. 水分监测仪；6. 位移传感器；7. 堆载装置；8. 观测分析系统

d. 试验步骤

（1）试坑开挖。根据盐胀力测定层位要求开挖试坑。考虑到大气影响深度、地层盐胀厚度等，通常试坑深度按 0.5m 深；试坑宽度一般要求不小于承压板宽度或直径的 3 倍。

（2）承压板面积选取。对于以砂类、砾类为主的粗颗粒盐渍土，承压板面积 0.5m^2 即可满足试验要求。

（3）设备安装及调试。试验装置安装时，首先在试坑底部 3m 深度范围内，每隔 0.5m 埋设测温元器件和水分监测仪，然后找平试坑底部，安放承压板，承压板与试验面平整接触，同时安装反力设备；其次安装应力、位移、数据采集装置。数据采集装置应该能自动采集，不建议采用人工系统采集。

e. 盐胀力确定

根据应力-位移曲线，确定粗颗粒盐渍土的最大盐胀力。

2. 试验内容

粗颗粒盐渍土盐胀性的评价，除现场单点法、多点法、盐胀力现场浸水测试法等方法测试结果外，还应根据场地 Na_2SO_4 含量及分布特征（是否有层状）、粗颗粒盐渍土类型（盐胶结型或者盐充填型）、场地气候环境条件等进行综合分析。

各试验方法，除了现场直接测试结果外，还需要配合其他内容共同分析地基土的盐胀性。试验内容可概括见表 5.3。

表 5.3 粗颗粒盐渍土盐胀性现场试验评价内容

试验方法	Na_2SO_4含量及分布	地温	水分含量	渗透系数	粒径级配	盐胀深度	盐胀量	盐胀力
单点法	√	√	/	√	√	√	√	/
多点法	√	√	/	√	√	√	√	/
盐胀力现场浸水测试法	√	√	√	√	√	/	√	√

3. 试验仪器

测定粗颗粒盐渍土盐胀性能的仪器设备与测试目标、测试方法有关。测试盐胀量、盐胀区厚度的单点法和多点法所用测试仪器相对较少，主要以测绘性设备为主，如水准仪、水平仪、观测标、钢尺、射钉等；而以测定盐胀力、盐胀量为主的现场浸水测试法，需要的测试设备复杂、仪器种类更多。根据工程经验，该方法所需主要仪器设备见表 5.4。

表 5.4　盐胀力现场浸水测试法所需仪器表

序号	名　称	型号规格	单位	数量	备注
1	热敏元器件	/	串	2	/
2	水分监测计	/	串	2	/
3	千斤顶	100t	台	1	备用 1 台
4	静力载荷测试仪	JCQ-503A	台	1	备用 1 套
5	数据采集仪器	CR300/QSY300	台	1	备用 1 台
6	电动油泵	/	台	1	/
7	油泵流量控制器	JCQ-500	台	1	/
8	应变式压力传感器	ZZY	个	1	/
9	位移传感器	MS-50	个	4	备用 2 个
10	主梁及反力装置	/	套	1	/
11	计算机	/	台	1	/
12	承压板	$0.5m^2$	块	1	/
13	发电机	/	台	1	备用 1 台

4. 试验结果

盐胀性现场测试结果根据评价功能与分析依据，主要分为三类：分析类试验结果、计算类试验结果、评价类试验结果。

1）分析类试验结果

分析类试验结果主要指地层中 Na_2SO_4 含量及分布、地层渗透系数等。

Na_2SO_4 含量的寡众是评价地基土盐胀与否的关键性因素之一。工程经验表明：地层中 Na_2SO_4 含量高，且存在富集层时，发生盐胀病害的概率更高。

渗透系数是判定场地地层结构形态的主要指标，也是判定盐胀性发生与否的重要指标。当渗透系数小于 10^{-5}cm/s 时，可视为盐胶结型场地。

2）计算类试验结果

计算类试验结果主要是指用来计算盐胀率的盐胀量及盐胀厚度，可通过现场试验所获得的量值直接计算。

3）评价类试验结果

评价类试验结果主要包括盐胀等级、盐胀力等。

盐胀等级主要通过盐胀总量来评价，盐胀力可通过现场浸水监测试验确定。

试验发现，粗颗粒盐渍土的盐胀变形并不是一直呈叠加型的，而是伴随气温变化而交替变化的。多数情况下的盐胀曲线是呈锯齿状的、胀-缩交替的。

5.3.3　粗颗粒盐渍土盐胀性室内试验

1. 试验方法

因粗颗粒盐渍土盐分分布形态及地层结构的特殊性，室内试验所需的原状样很难取得，因此，室内盐胀试验并不是评价地基土盐胀性能的理想方法，但当无法采取现场试验时，室内试验可作为参考，辅助指导工程实践。

目前室内测试盐渍土盐胀性的方法有规范推荐的测定硫酸钠含量与盐胀系数的试验法，以及工程实践中常用的重塑样在不同温度下盐胀测定法。

1）规范推荐的室内盐胀试验方法

a. 试样制备

取工程所在地代表性的盐渍土两份：一份用于测定地基土中硫酸钠含量；一份风干后加纯水拌制成直径 50mm×50mm 试样。试样的含水量控制在最优含水量范围，密实度根据原状地层实际密度控制。

制备好的试样在20℃环境下养护12～24小时。

b. 试验步骤

将试件用具有弹性的橡皮膜密封，置于盛有氯化钙溶液的测试瓶内，如图5.5所示。将安装好的测试瓶放入低温控制箱，从+15～–15℃，每降温5℃恒温30～40min，读取该温度区胀量值，可求得该温度区的盐胀系数。

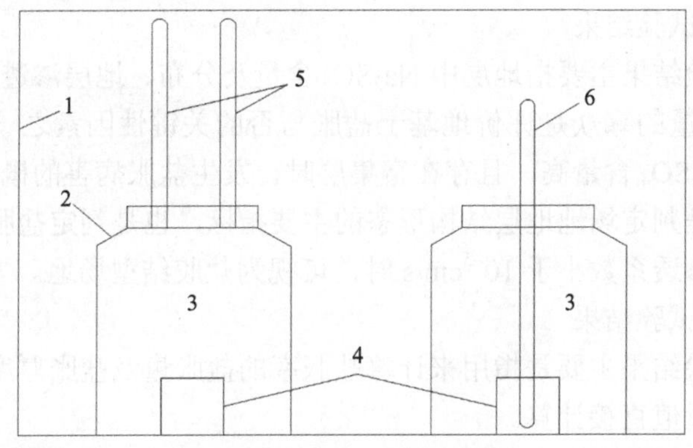

图5.5　盐胀试验装置示意图

1. 冰箱；2. 广口瓶；3. 氯化钙溶液；4. 试件；5. 滴定管；6. 温度计

2）实际工程中常用的室内盐胀试验方法

a. 试样制备

取工程所在地代表性土样，按最优含水量和实际密度，利用压力机将土样分层压制成直径为152mm、高度为150mm的标准试样（图5.6）。

制备好的试样在 20℃环境下密封养护 24 小时。

b. 试验步骤

将养护好的试样连同试样筒开封，盖上盖板，安装位移计，使位移计端头与盖板中心紧密接触，记录室温并采集位移计初始读数（图 5.7）。

启动试验箱（图 5.8），调节温控器，让试验箱温度分别保持在 25℃、20℃、15℃、10℃、5℃、0℃、–5℃、–10℃、–15℃、–20℃，每 30min 自动采集一次各个温度下各试样百分表读数，以每一级温度下变形量小于 0.01mm/h 时认为试样变形稳定，待所有土样都变形稳定后调节为下一级温度；通过盐胀变形曲线，读取盐胀量，计算盐胀系数。

(a)　　　　(b)

图 5.6　标准试样压制

图 5.7　室内盐胀试验试件安装

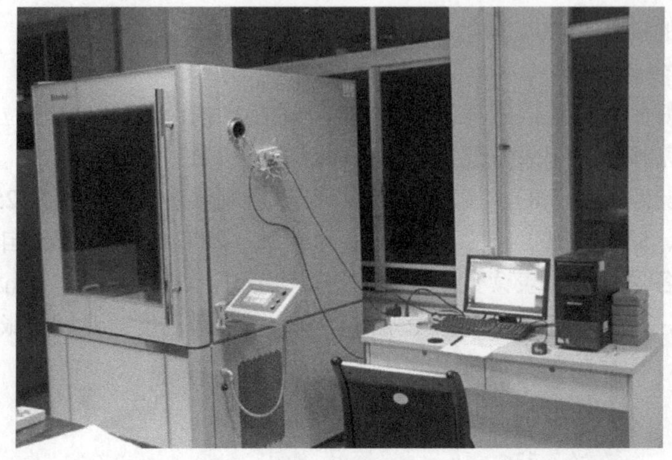

图 5.8 室内盐胀试验

2. 试验仪器

1）规范推荐的室内盐胀试验

本试验所需要试验仪器主要包括冰箱、广口瓶、温度计、滴定管等。

2）工程中常用的室内盐胀试验

本试验所需要试验仪器主要包括试样桶、压力机（振动器、击实器）、位移计、高低温试验箱等。

5.4 粗颗粒盐渍土盐胀性关键控制指标

工程实践表明：控制粗颗粒盐渍土盐胀的关键因素主要为地层结构（渗透系数）、Na_2SO_4 含量（关键看是否有富集层）及气温变化等，这几个指标的变化对地基土盐胀是否发生、盐胀等级起决定性作用。

1. Na_2SO_4含量与盐胀性

盐胀是指盐渍土因温度或含水量变化而产生的土体体积的增大，而土体体积增大的主要原因是Na_2SO_4吸水。《盐渍土地区建筑技术规范》（GB/T 50942—2014）规定：盐渍土地基中硫酸钠含量小于 1%，且使用环境条件不变时，可不计盐胀性对建（构）筑物的影响。因此，根据规范要求，对盐渍土地基盐胀性的评价通常按硫酸钠含量是否大于 1%而进行。但是工程建设、研究中发现，对于粗颗粒盐渍土的盐胀性，硫酸钠含量 1%并不是唯一的控制因素。

研究发现，对于盐胶结型粗颗粒盐渍土，在环境温度变化时，即使 Na_2SO_4

小于 1%，发生盐胀的概率也非常高；而对于盐充填型盐渍土，在环境温度变化时，Na_2SO_4 含量超过 1%，如果不存在 Na_2SO_4 富集层，很多时候也不发生地基土的盐胀。例如，新疆鄯善电厂地基土 3.0m 深度范围内 Na_2SO_4 的含量为 0.3%～0.69%，但场地属于盐胶结型盐渍土场地，在温度和含水量变化时，地基土出现了明显的胀缩现象；而同场地地基土，当取样进行室内重塑样试验，此时地基土变为盐充填型盐渍土后，模拟现场实际工况时，很难再发生明显的胀缩现象（图 5.9）。这说明 Na_2SO_4 是地基土盐胀发生的关键因素，但病害后果究竟如何，与其在地基土中的分布形态及地层结构等有紧密关系。

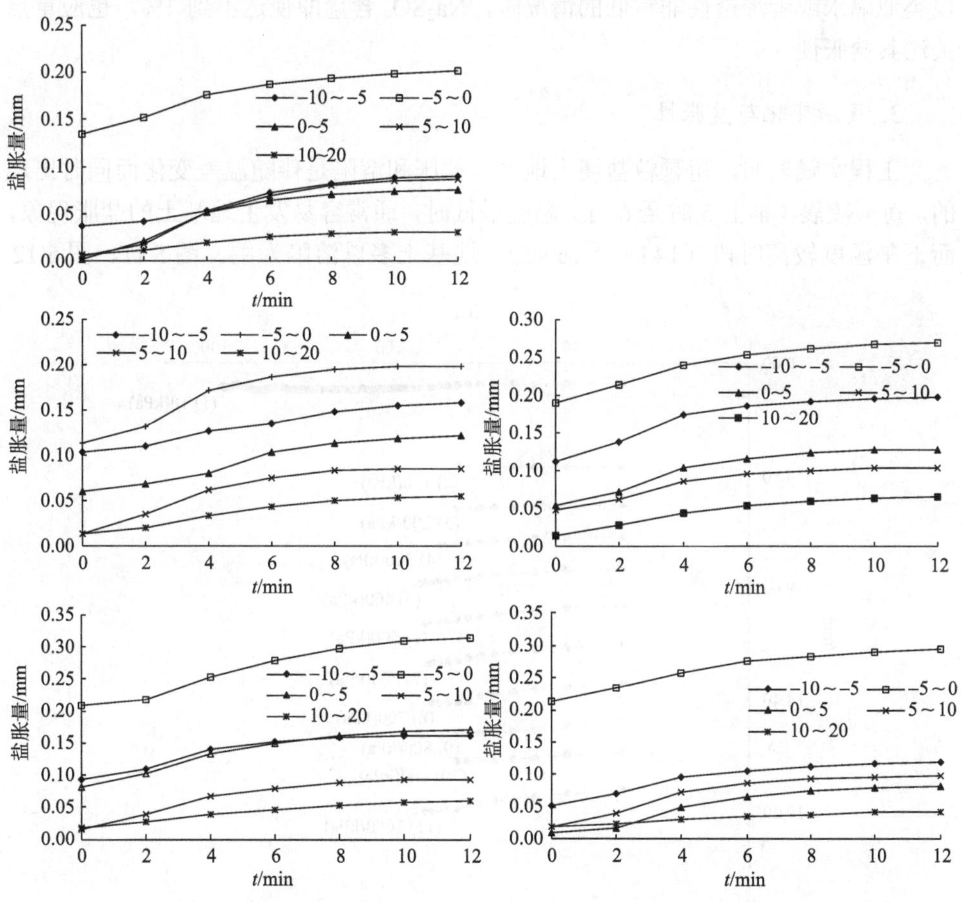

图 5.9　盐充填型粗颗粒盐渍土 Na_2SO_4 超过 0.3%时的盐胀曲线

2. 渗透系数与盐胀性

渗透系数对于盐渍土工程性能的影响，一直未受到研究者和工程师的关注，但本书作者通过大量试验发现，在盐渍土工程性能评价中，不论是地基土的盐胀性还是溶陷性，渗透系数的影响都是至关重要的。例如，鄯善电厂 Na_2SO_4 的含量为 0.3%～0.69%，按规范要求可不考虑地基土的盐胀性，但由于地基土的渗透系数仅为 2.71×10^{-7} cm/s，因此，在浸水工况下，当荷载达到 200kPa 时，仍然发生了明显的盐胀变形；又如新疆神火电厂，Na_2SO_4 含量与鄯善电厂相近，但是地基土渗透系数为 9.7×10^{-4}，当浸水时未发生任何胀缩特征（图 5.10）。这不仅仅是盐渍地基土中出现的个例，哈密换流站工程、国电大南湖电厂工程均出现类似情况。这些都说明，渗透系数与地基土盐胀性的关系十分紧密，当粗颗粒盐渍土出现类似隔水或者渗透性非常低的情况时，Na_2SO_4 含量即使达不到 1%，也应重点关注其盐胀性。

3. 气温变化与盐胀性

工程实践表明，粗颗粒盐渍土地区，盐胀和溶陷是伴随温差变化而同时出现的，每天凌晨（早上 5 时至 6 时）温度最低时，通常容易发生地基土的盐胀现象，而下午温度较高时段（14 时至 16 时），地基土多以溶陷为主。图 5.11、图 5.12

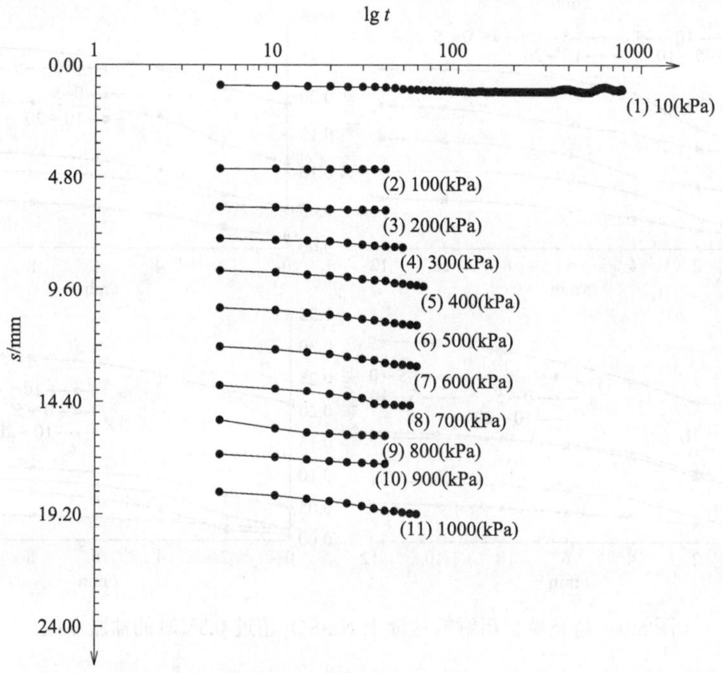

图 5.10　渗透系数较大地基土的盐胀变形曲线

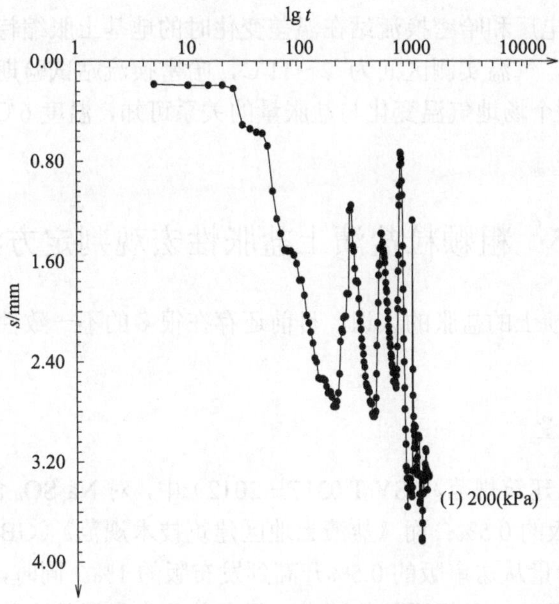

图 5.11　鄯善库姆塔格电厂温度变化时地基土的盐胀曲线

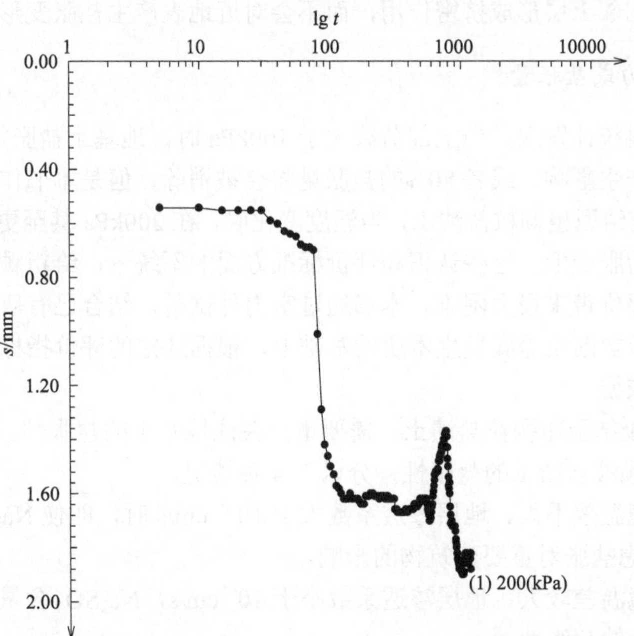

图 5.12　哈密换流站工程温度变化时地基土的盐胀曲线

分别为新疆鄯善电厂和哈密换流站在温差变化时的地基土胀缩特征曲线。其中鄯善电厂试验期间，气温实测区间为 2～11℃，哈密换流站试验期间气温实测区间为–6～7℃。从两个场地气温变化与盐胀量的关系可知，温度 6℃之下，地基土的盐胀就已开始了。

5.5　粗颗粒盐渍土盐胀性宏观判定方法

对粗颗粒盐渍土的盐胀的认识，目前还存在很多的不一致性，主要表现在以下两方面。

1. Na_2SO_4含量

《盐渍土地区建筑规范》（SY/T 0317—2012）中，对 Na_2SO_4 含量从 1997 版的 1%降低到 2012 版的 0.5%；而《盐渍土地区建筑技术规范》（GB/T 50942—2014）中，对 Na_2SO_4 含量从送审版的 0.5%升高到发布版的 1%。同时，陈高锋（2014）通过室内试验发现：对于粗颗粒盐渍土，只有盐分富集层的含盐量达到 5.3%时，才会对近地表盐胀变形产生影响，当小于这一值时，其盐胀变形会被相邻土层吸收，只会对相邻土层形成挤密作用，而不会对近地表产生盐胀变形。

2. 盐胀力或盐胀量

现有资料统计发现，当上部荷载大于 100kPa 时，地基土盐胀很难对建（构）筑物的安全产生影响，或者 80%的盐胀量将会被消除，但是本书作者通过研究发现，对于盐胶结型粗颗粒盐渍土，当温度变化时，在 200kPa 甚至更高压力下，仍然有较大的盐胀变形。这些认识和评价标准方面的不统一，给粗颗粒盐渍土盐胀研究和工程评价带来极大困难。本书通过室内外试验，结合已有研究成果，在充分认识粗颗粒盐渍土盐胀发生本质的基础上，根据选定的评价指标，提出如下初步盐胀判定依据。

a. 对盐胶结型粗颗粒盐渍土，需要重点关注地基土的盐胀性。

b. 对粗颗粒盐渍土的盐胀性，分以下 4 种情况。

（1）环境温差不大、地层渗透系数大于 10^{-3} cm/s 时，即使 Na_2SO_4 含量超过 1%，可不考虑盐胀对重要建筑物的影响。

（2）环境温差较大、地层渗透系数小于 10^{-5}cm/s，Na_2SO_4 含量超过 0.3%时，应评价地基土的盐胀性。

（3）粗颗粒盐渍土发生盐胀的厚度，与大气影响深度有关，一般不会超过 3m。

（4）当具备盐胀发生条件时，粗颗粒盐渍土的盐胀力变化范围较大，突破已有 100kPa 下难以发生盐胀的认识，需要采取相应防盐胀措施。

5.6 工程案例

5.6.1 新疆鄯善库姆塔格热电厂

1. 工程及场地概况

本项目工程及场地概况见 4.6.1 节内容。工程场地属温带大陆性气候，日照充足，昼夜温差大（平均日较差为 14.3～15.9℃），年均降水量为 25mm，蒸发量为 2751～3216mm。

2. 场地地基土特征

1）易溶盐及 Na_2SO_4 含量

本工程勘察各阶段，共取地表 10m 内易溶盐测试样 310 件，其中 295 件易溶盐含量大于 0.3%，因此，根据相关规范规定，该场地定名为盐渍土场地。对其中 83 件试样进行 Na_2SO_4 含量测试（图 5.13），其中 5 件试样 Na_2SO_4 含量大于 1%，最大含量为 3.21%，但 5 件试样 Na_2SO_4 分布从空间和平面上均没有规律可循；45 件试样 Na_2SO_4 含量大于 0.3%，且大部分小于 0.5%。

总体上，该场地地基土中 Na_2SO_4 的含量均较低，按相关规范判定，盐胀性并不是工程建设中关注的主要问题。

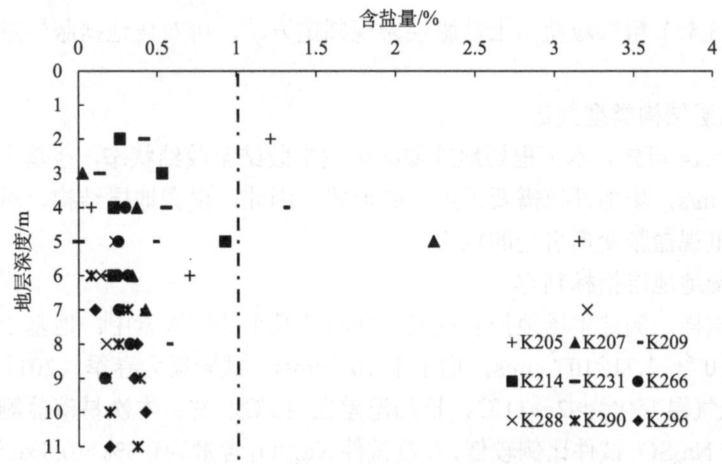

图 5.13　地基土中 Na_2SO_4 分布特征

2）地基土的结构形态

本场地为典型的盐分胶结型场地，地表一定深度范围内的地层以硬壳状形态存在（图 5.14），渗透系数极低，具体数值见表 4.16。场平时，挖掘机难以挖动，需用爆破方式。表层 3m 内地基土结构形态以块状和板状形式存在。

图 5.14　胶结状粗颗粒盐渍土地层结构

3. 地基土盐胀性宏观判定

根据 5.5 节粗颗粒盐渍土盐胀性宏观判定方法，可对场地盐胀性进行如下判定。

1）地层结构类型判定

由图 5.14 可知，本工程场地地层结构属半胶结至胶结状态，地基土渗透系数小于 10^{-7}cm/s，场地开挖需要采用爆破形式。因此，根据地层结构，对于该盐渍土场地应重视盐胀变形引起的危害。

2）场地地层指标判定

通过试样，测定本场地控制地基土盐胀的几个关键因素中：地基土的渗透系数为 4.6×10^{-8}～2.71×10^{-7} cm/s，均小于 10^{-5} cm/s；试验段为春季（2011 年 3 月中旬），场地气温变化为–2～11℃，日均温差在 13℃左右；本次易溶盐测试中含量大于 1%的 Na_2SO_4 试件比例较低，多数试件 Na_2SO_4 含量为 0.3%～0.5%；无 Na_2SO_4 富集层。

根据 5.5 节粗颗粒盐渍土盐胀性宏观第 2 条判据，可初步判定地基土在温差与水的作用下是具有盐胀性的，工程建设中应考虑盐胀对建（构）筑物安全性的影响。

4. 地基土盐胀性现场试验

本项目盐胀试验是结合溶陷试验同时进行的。测试时间为 2011 年 3 月，场地最低气温–2℃，最高气温 11℃，最大温差 13℃。盐胀测试期间保持恒定荷载 200kPa，地基土饱和状态下采集载荷板位移变形数据进行分析。

此次盐胀试验，共选择 4 个试验点进行监测，包括②层角砾层 2 个试验监测点、③层角砾层 1 个试验监测点、④层角砾层 1 个试验监测点。试验是在温度场和渗流场耦合作用下进行的，试验结果如图 5.15 至图 5.18 所示。

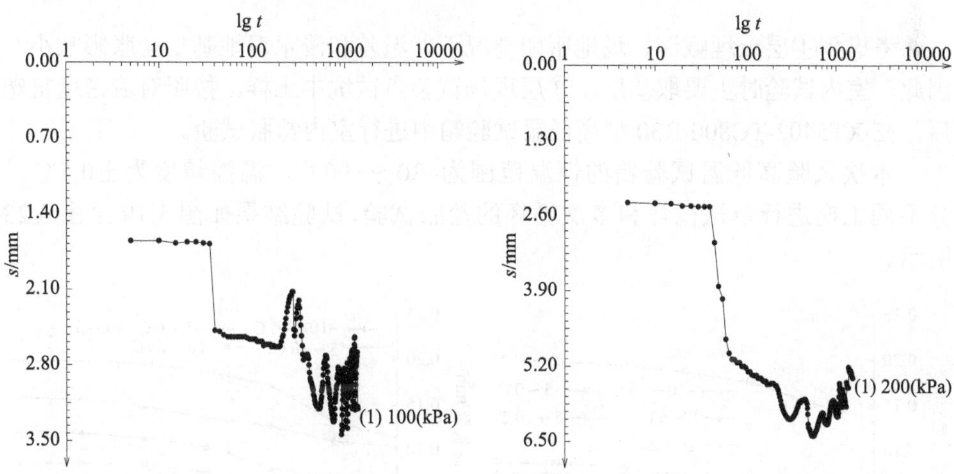

图 5.15　T2-1 试验点 s-lgt 盐胀曲线　　图 5.16　T2-2 试验点 s-lgt 盐胀曲线

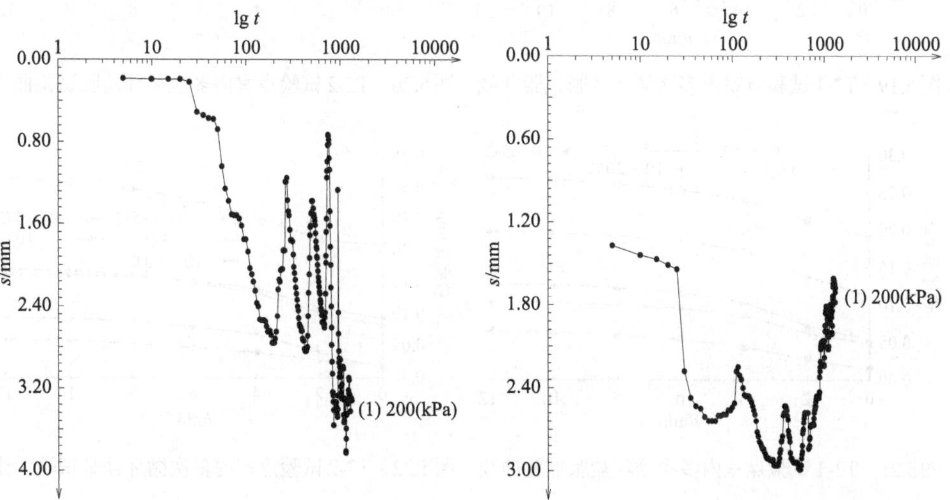

图 5.17　T3-2 试验点 s-lgt 盐胀曲线　　图 5.18　T4-1 试验点 s-lgt 盐胀曲线

从几个点的盐胀变形曲线可知，随着温度的变化，含 Na_2SO_4 胶结型粗颗粒盐渍土地层的胀-缩变形比较明显，单次最大盐胀量可达 2mm 以上，且累计变形也在持续增加。

此次试验是与溶陷试验结合在一起做的，试验期间不是盐胀温差最佳时期，因此，地基土的盐胀变形并未完全发挥出来。但是，在 200kPa 大压力作用下，仍然有这样明显的胀-缩变形，说明含 Na_2SO_4 盐渍土地层结构对盐胀的影响特别大，是今后此类特殊土地层中工程建设应该重点关注的问题。

5. 地基土盐胀性室内试验

考虑到④层土埋藏深、场地密闭情况下，温差和浸水对地基土盐胀影响小，因此，室内试验时主要取②层、③层现场试验点试坑中土样，按照对应密度重塑后，在 XT5402-TC800-R30 型高低温试验箱中进行室内盐胀试验。

本次试验高低温试验箱的恒温范围为−30～+90℃，温控精度为±0.5℃，分不同工况进行单次循环和多次循环的盐胀试验，试验结果如图 5.19 至图 5.23 所示。

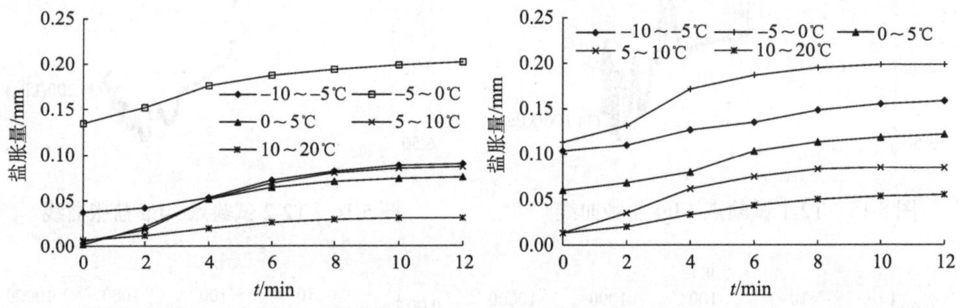

图5.19　T2-1试验点室内多次循环盐胀试验曲线　图5.20　T2-2试验点室内多次循环盐胀试验曲线

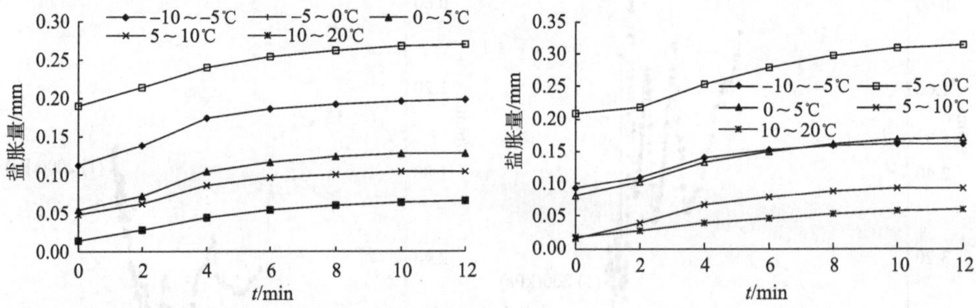

图5.21　T3-1试验点室内多次循环盐胀试验曲线　图5.22　T3-2试验点室内多次循环盐胀试验曲线

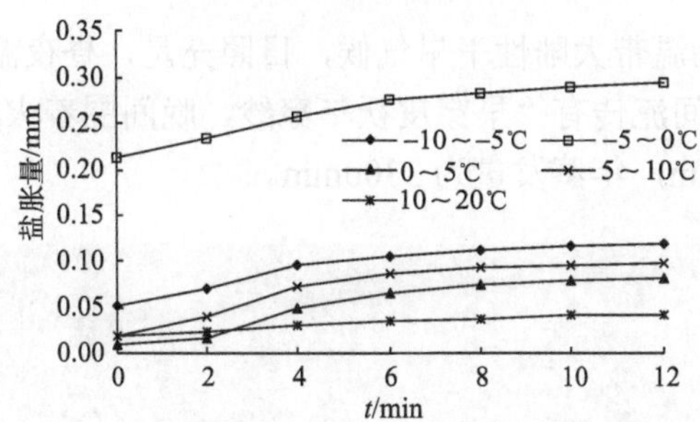

图 5.23　T3-3 试验点室内多次循环盐胀试验曲线

试验结果显示：①盐胀变形温度主要在−10～5℃，其中−5～0℃盐胀变形最为显著；②重塑样的孔隙率和渗透性明显高于原状结构，温度变化时，存在变形耗散空间，室内多次循环盐胀试验曲线比较平缓，未见现场试验中的胀缩变形特征。

6. 小结

本工程采用宏观判定法、现场试验法、室内试验等三种方法进行地基土盐胀性的分析评价，现场试验与宏观判定方法的结果基本一致，而室内试验结果与其他两种方法的结果存在一定差别，具体原因如下。

（1）现场试验方法和宏观判定方法均是在不改变地层原始状态的工况下进行工程性能的判定，而室内试验很难模拟现场真实环境，并且增大了地基土的孔隙率和渗透性，结果出现差异在所难免。

（2）本工程盐胀试验期间，保持 200kPa 的恒定荷载，但仍然出现了较大的胀-缩变形，这与既有经验，即 100kPa 荷载下就可控制盐胀力的说法有矛盾，说明对粗颗粒盐渍土盐胀性的认识还有较大空间进行细化研究。

5.6.2　哈密±800kV 换流站工程

1. 工程及场地概况

哈密±800kV 换流站位于哈密市南湖乡境内，站址位于哈密市西南方向约 21km 处，南湖乡政府东北约 3km。S235 省道从站址西侧约 3.0km 通过，交通较为便利。

该工程为新建工程，静态总投资额 65.2 亿元。工程于 2012 年 5 月正式开工建设，至 2014 年 1 月投入运行。

工程建设场地为戈壁荒漠，地貌单元属山前倾斜平原，地表分布有砂砾石，无植被，呈荒漠景观（图 5.24）。场地地形较为平坦，总的地势由东北向西南倾斜。

场地所处区域为温带大陆性干旱气候，日照充足，昼夜温差大（年最大日较差可达26.7℃），民间流传有“早穿皮袄午穿纱，晚间围着火炉吃西瓜”的谚语，年均降水量为33.8mm，年蒸发量为3300mm。

图5.24 站址地形地貌

勘察资料显示，建设场地上部地层为典型的内陆粗颗粒盐渍土，主要为粉细砂和角砾，局部地段呈胶结状态，胶结厚度可达3～5m；下部地层为泥质砂岩。场地地层情况见表5.5，有关地基土物理力学指标见表5.6。

表5.5 场地地层分布情况表

层号	地层名称	层厚/m	岩性特征
①	粉细砂	0.3～2.9	红褐色、浅灰色，干燥，稍密-中密。局部地段呈半胶结状态，地表0～0.5m厚粉细砂含黏性土和盐较高，且呈松散状态
②	角　砾	0.2～12.6	青灰色、杂色，干燥-稍湿，密实。以砾石、砂为主，地层局部部位呈半胶结状。该层在站址区分布稳定
②-1	粉细砂	0.3～2.3	青灰色，稍湿，密实。主要由长石、石英及暗色矿物组成，混黏性土，含少量砾石。该层总体呈透镜体状，分布不连续，局部呈半胶结状
③	泥质砂岩	>5	砖红色、灰色，致密、坚硬。细粒结构、块状构造，泥质胶结

2. 场地地基土特征

1）易溶盐

本工程初设、施工图及现场试验阶段，在地表10m深度范围内按0.5～1.0m

间距共取样 336 件，试验测得易溶盐含量大于 0.3%试件共 310 件，最大含盐量可达 45.46%，以亚硫酸盐盐渍土为主（部分试验结果见表 5.7 及图 5.25）。

表 5.6　地基土主要物理力学性质指标表

地层编号及岩性名称	天然含水量 ω/%	天然重度 γ /（kN/m³）	天然孔隙比 e	塑性指数 I_P	液性指数 I_L	压缩系数 a_{1-2} / MPa⁻¹	变形模量 E_0 /MPa	c /kPa	φ /（°）	重型动力触探试验 $N_{63.5}$ /击	承载力特征值 f_{ak} /kPa
①	5	17.5	—	—	—	—	（15）	—	33	—	130
②	10	21	—	—	—	—	（48）	—	37	46	300
②-1	12	18	—	—	—	—	（15）	—	33	41（标贯）	200
③	5	24.5	—	—	—	—	—	—	—	48	400

表 5.7　场地盐渍土类型

序号	土样编号	取土深度/m	pH	总盐量/%	$\frac{c(Cl^-)}{2c(SO_4^{2-})}$	按含盐化学成分分类
1	KJ174-1	0.5～0.7	8.2	0.95	1.18	亚氯盐渍土
2	KJ174-2	1.0～1.2	7.3	2.19	1.72	亚氯盐渍土
3	KJ174-3	2.0～2.3	7.2	1.81	1.98	亚氯盐渍土
4	KJ174-4	3.0～3.3	8.3	1.11	1.79	亚氯盐渍土
5	KJ174-5	4.0～4.2	7.2	1.45	1.69	亚氯盐渍土
6	KJ174-6	5.0～5.2	8.1	1.72	2.04	氯盐渍土
7	KJ174-7	6.0～6.2	7.4	1.68	1.57	亚氯盐渍土
8	KJ174-8	7.0～7.2	7.5	1.21	2.55	氯盐渍土
9	KJ174-9	8.0～8.2	7.6	1.6	2.19	氯盐渍土
10	KJ174-10	9.0～9.2	7.2	2.26	1.71	亚氯盐渍土
11	KJ188-1	0.5～0.7	8.3	2.60	1.20	亚氯盐渍土
12	KJ188-2	1.0～1.2	8.2	2.54	1.35	亚氯盐渍土
13	KJ188-3	2.0～2.3	8.3	2.10	1.58	亚氯盐渍土
14	KJ188-4	3.0～3.3	7.5	2.35	1.54	亚氯盐渍土
15	KJ188-5	4.0～4.2	7.7	2.14	1.30	亚氯盐渍土
16	KJ188-6	5.0～5.2	7.6	2.07	1.37	亚氯盐渍土
17	KJ188-7	6.0～6.2	7.3	1.97	1.40	亚氯盐渍土
18	KJ188-8	7.0～7.2	8.4	2.66	1.09	亚氯盐渍土
19	KJ188-9	8.0～8.2	7.4	2.50	1.36	亚氯盐渍土
20	KJ188-10	9.0～9.2	8.1	1.35	1.45	亚氯盐渍土
21	KJ201-1	0.5～0.7	7.2	1.92	1.58	亚氯盐渍土
22	KJ201-2	1.0～1.2	7.3	2.18	1.42	亚氯盐渍土
23	KJ201-3	2.0～2.3	7.5	2.08	1.34	亚氯盐渍土

续表

序号	土样编号	取土深度/m	pH	总盐量/%	$\frac{c(Cl^-)}{2c(SO_4^{2-})}$	按含盐化学成分分类
24	KJ201-4	3.0～3.3	7.2	2.07	1.65	亚氯盐渍土
25	KJ201-5	4.0～4.2	7.5	1.96	1.60	亚氯盐渍土
26	KJ201-6	5.0～5.2	7.4	1.99	1.32	亚氯盐渍土
27	KJ201-7	6.0～6.2	7.0	2.57	1.55	亚氯盐渍土
28	KJ201-8	7.0～7.2	7.1	2.0	1.50	亚氯盐渍土
29	KJ201-9	8.0～8.2	7.1	2.39	1.89	亚氯盐渍土
30	KJ201-10	9.0～9.2	7.4	2.14	2.02	氯盐渍土
31	KJ217-1	0.5～0.7	7.7	3.76	1.59	亚氯盐渍土
32	KJ217-2	1.0～1.2	7.9	1.49	1.61	亚氯盐渍土
33	KJ217-3	2.0～2.3	7.6	2.59	1.60	亚氯盐渍土
34	KJ217-4	3.0～3.3	7.7	4.79	0.69	亚硫酸盐渍土
35	KJ217-5	4.0～4.2	7.5	1.23	1.27	亚氯盐渍土
36	KJ217-6	5.0～5.2	7.6	3.76	1.69	亚氯盐渍土
37	KJ217-7	6.0～6.2	7.5	3.94	1.51	亚氯盐渍土
38	KJ217-8	7.0～7.2	7.6	3.74	1.63	亚氯盐渍土
39	KJ217-9	8.0～8.2	7.9	3.19	1.39	亚氯盐渍土
40	KJ217-10	9.0～9.2	7.7	3.80	1.78	亚氯盐渍土
41	KJ217-11	10.0～10.2	7.8	3.19	1.94	亚氯盐渍土

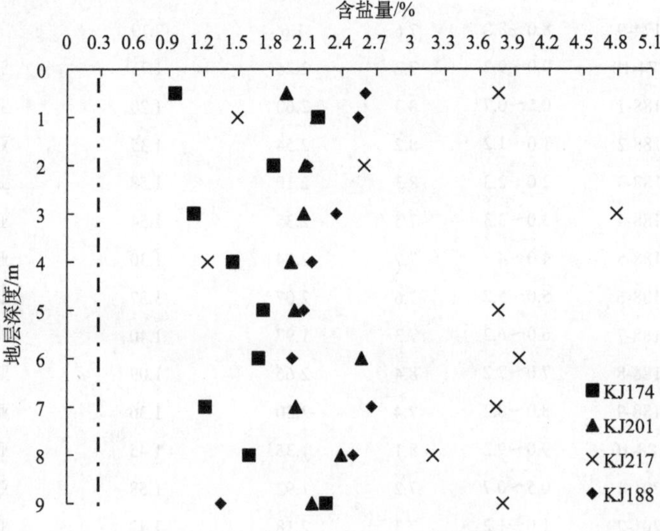

图 5.25　场地易溶盐含量分布特征

2）地基土中的 Na_2SO_4

本工程测试的 336 件试样中，有 45 件样品的 Na_2SO_4 含量大于 1%（图 5.26），且在平面和空间上都具有明显分布特征，平面上主要以表层 3m 范围内含量较大，空间上 Na_2SO_4 含量大于 1%的位置主要分布在直流场和交流滤波器区；所测试件中，有 176 件样品 Na_2SO_4 含量大于 0.3%。

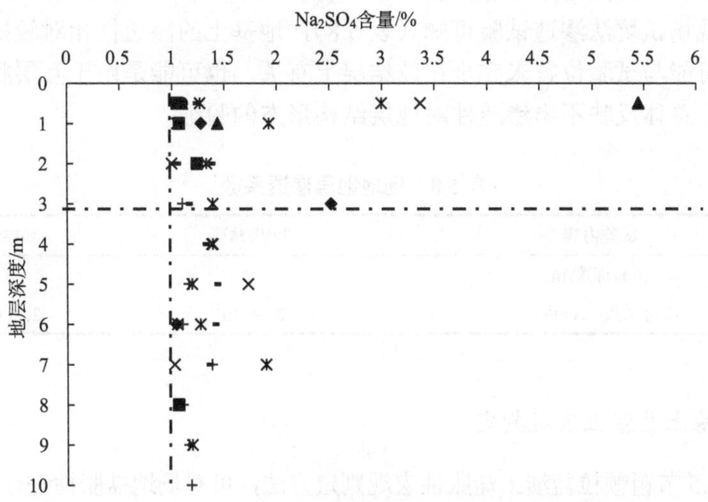

图 5.26　地基土中 Na_2SO_4 含量大于 1%试样的分布特征

图 5.27　场地地层结构特征

总体上该场地地基土中的 Na_2SO_4 含量较高，会影响地基土的盐胀性。

3）地基土的结构形态

本书所述地基土的结构形态，主要指胶结型结构和松散型结构两种形态。从前述地层岩性特征描述可知，该场地地层是松散和半胶结结构共存的（图 5.27），因此，其渗透系数不同于新疆鄯善库姆塔格热电厂场地胶结状地层的渗透系数，表现在平面和垂直渗透系数上都要高于后者。

通过现场试坑法渗透试验可知（表 5.8），地基土的渗透性相对较好。出现这种现象，可能与试验位置未完全在胶结层上有关，也可能是由于互层状态下平面渗透性强，总体反映不出渗透性对地层结构形态的验证。

表 5.8　场地地层渗透系数

试验内容	②层角砾	②层角砾
试验深度/m	2	0.5
渗透系数/（cm/s）	2.89×10^{-3}	2.75×10^{-3}

3. 地基土盐胀性宏观判定

根据 5.5 节粗颗粒盐渍土盐胀性宏观判定方法，可对场地盐胀性进行如下判定。

1）地层结构类型判定

由图 5.27 可知，本工程场地地层结构属松散层和半胶结层互层结构，半胶结层体呈透镜状赋存于地基土中，人工难以开挖，但机械开挖较为容易，总体上地基土结构的致密性一般。因此，只是根据地层结构，难以对场地盐渍土在气温和遇水工况下的盐胀特征做出判定。

2）场地地层指标判定

通过试验，测定本场地控制地基土盐胀的几个关键因素中：地基土的渗透系数为 2.89×10^{-3}～2.75×10^{-3}cm/s，均大于 10^{-5} cm/s；试验时段为深秋季节，场地气温变化为–5～10℃，日均温差在 15℃左右；本次易溶盐测试中含量大于 1%的 Na_2SO_4 试件比例较高，最大可高于 5%，但无 Na_2SO_4 富集层。

根据 5.5 节粗颗粒盐渍土盐胀性宏观第 1 条判据，可初步判定地基土的盐胀性弱，或无盐胀性，在场地建（构）筑物布置和设计时，可不考虑盐胀的影响。

4. 地基土盐胀性现场试验

易溶盐测试结果显示，地基土中 Na_2SO_4 含量较高，尤其是地表 3m 深度内，Na_2SO_4 含量最高可超过 5%，但地基土中无 Na_2SO_4 富集层。为了确定地基土的盐胀性，同时进一步对“粗颗粒盐渍土盐胀性宏观判定方法”的可靠性进行验证，本项目选择温差较大的深秋季节（2011 年 10 月底至 11 月底）观测浸水工况下地基土的盐胀变形。

此次试验，在场地内共选择 0.5m 和 2m 深度左右的 5 个试验点（表 5.9）进行温差与浸水耦合作用下地基土盐胀变形观测，试验结果如图 5.28 至图 5.31 所示，其中 T2-2 试验点 *s*-lg*t* 盐胀曲线如图 5.12 所示。

表 5.9　各试验点参数表

点号	试坑边长（长×宽）/（m×m）	试坑深度/m	所在层位
T0.5-1	4×4	0.6	②层角砾
T0.5-2	4×4	0.5	②层角砾
T0.5-3	4×4	0.4	②层角砾
T2-1	4×4	2.0	②层角砾
T2-2	4×4	2.2	②层角砾

本次盐胀变形观测是利用图 5.4 观测系统测试的，测试期间保持试坑浸水状态，恒定荷载 200kPa，实时数据采集系统，连续观测 5～6 天。

从各试验点的变形曲线可知，浅层 3 个试验点测试过程中，未显示出温差和水分耦合作用下地基土的胀缩变形特征，与表层地基土多以松散体为主有关；T2-1 和 T2-2 两个试验点处地基土有一定的胶结性，试验过程中出现一定的胀缩变形，但单次变形量和累计变形量均较小。同时，两组不同胶结程度地层的盐胀变形特征说明，地层结构对 Na_2SO_4 遇水后变形空间的控制作用很明显，对盐胀变形起着至关重要的影响。

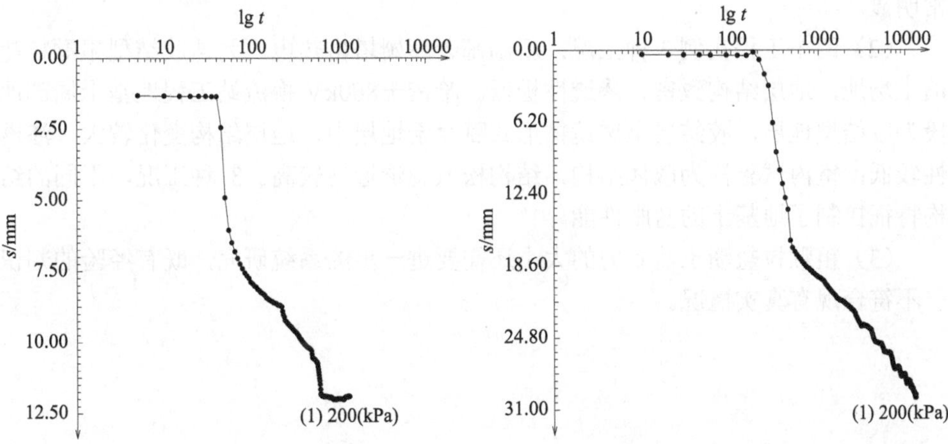

图 5.28　T0.5-1 试验点 *s*-lg*t* 盐胀曲线

图 5.29　T0.5-2 试验点 *s*-lg*t* 盐胀曲线

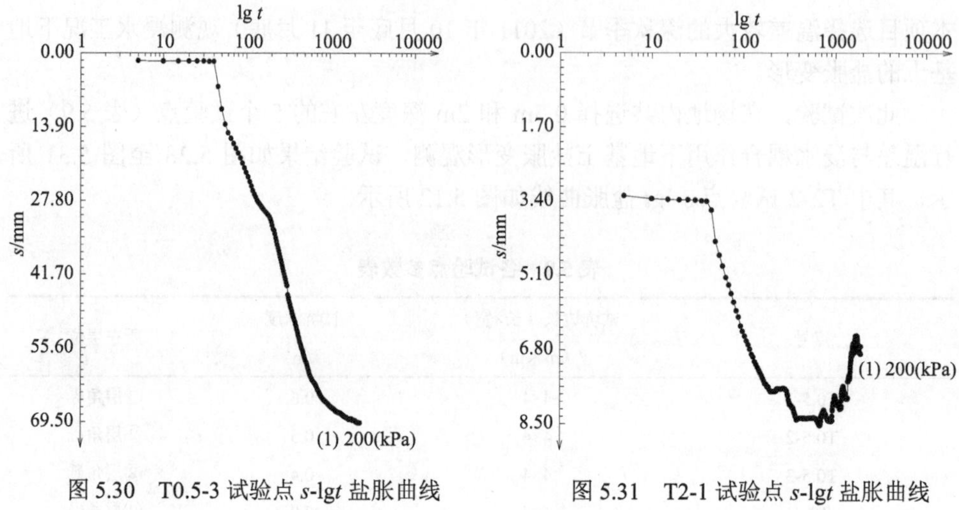

图 5.30　T0.5-3 试验点 s-lg$t$ 盐胀曲线　　图 5.31　T2-1 试验点 s-lg$t$ 盐胀曲线

5. 小结

本工程采用了宏观判定法与现场试验两种方法对地基土的盐胀性进行分析评价，判定结果基本一致。

5.7 结　论

通过上述两个工程实例盐胀性能的详细分析和综合判定可以获得如下结果。

（1）通过关键控制指标建立的粗颗粒盐渍土盐胀性宏观判定法与现场试验结果基本一致，对于试验时段和试验条件受限、费用受控的项目，该方法的优点非常明显。

（2）两个工程实例 3 种工况：新疆鄯善库姆塔格热电厂为盐胶结型粗颗粒盐渍土场地，地层结构致密、渗透性极低。哈密±800kV 换流站工程地基土局部地段为胶结型地层，胶结层呈透镜体形式赋存于地层中，地层结构变化较大、渗透性较低；室内试验样为散体结构，结构松散、渗透性较高。3 种工况，不同的结构特征控制了地基土的盐胀性能。

（3）粗颗粒盐渍土盐胀力的大小还需要进一步的系统研究，既有经验的判识已不符合现有真实情况。

第6章　粗颗粒盐渍土地基的腐蚀性

6.1　粗颗粒盐渍土的腐蚀特征和腐蚀机理

6.1.1　粗颗粒盐渍土的腐蚀特征

粗颗粒盐渍土的主要特点是含有较多的盐，尤其是易溶盐，使土具有明显的腐蚀性，对建筑物基础和地下设施构成一种较严酷的腐蚀环境，影响其耐久性和安全性。就对土的腐蚀性而言，易溶盐影响最甚，中溶盐次之，难溶盐影响较小。同时，土中的盐除具有腐蚀性外，还能增加土的导电性，提高吸湿性等，从而进一步促使土的腐蚀性。

根据含盐性质，粗颗粒盐渍土可分为氯盐渍土（亚氯盐渍土）、硫酸盐渍土（亚硫酸盐渍土）和碱性盐渍土。

氯盐主要是氯化钠（$NaCl$）、氯化钾（KCl）、氯化钙（$CaCl_2$）、氯化镁（$MgCl_2$）和氯化铵（NH_4Cl）等。以氯盐为主的盐渍土，对金属的腐蚀性较大；同时，随着温度和湿度的变化，通过结晶、变晶等胀缩作用，对地基土稳定性产生危害性影响。氯盐在混凝土硬化的过程中有早强作用，但在混凝土硬化以后，过量浸入的氯盐会继续反应并生成大量不溶于水的多水氯铝酸，使混凝土产生破坏。

硫酸盐以钠盐为主，有硫酸钠（Na_2SO_4）、芒硝（$Na_2SO_4\cdot 10H_2O$）、镁盐（$MgSO_4$、$MgSO_4\cdot 7H_2O$）和石膏（$CaSO_4$、$CaSO_4\cdot 2H_2O$）等，其腐蚀性主要是结晶腐蚀和硫酸根（SO_4^{2-}）的腐蚀作用。以硫酸盐为主的盐渍土对孔隙介质的腐蚀性更大，通过化学作用和结晶胀缩作用，使孔隙介质发生腐蚀性破坏。

如果盐渍土中氯盐和硫酸盐同时存在，腐蚀性更强。而实际工程中，盐渍土的腐蚀是硫酸盐和氯盐共同作用的。

6.1.2　粗颗粒盐渍土的腐蚀机理

1. 氯盐的腐蚀性

氯盐均系易溶盐，主要有 $NaCl$、KCl、$CaCl_2$、$MgCl_2$ 和 NH_4Cl 等，在水溶液中均离解为阴离子和阳离子，属于强电解质，按不同的机理产生腐蚀作用。

1）　氯离子（Cl^-）的腐蚀性

氯离子对金属具有强烈的腐蚀性，是引起钢结构及钢筋混凝土中钢筋锈蚀的主导因素。盐渍土中氯离子含量越高，腐蚀性越大。

氯离子对金属的腐蚀性属于电化学性质，其电池的反应式为

阳极反应（腐蚀）为

$$Fe \rightarrow Fe^{2+} + 2e \tag{6.1}$$

阴极反应（还原）为

$$O_2 + 2H_2O + 4e \rightarrow 4(OH) \tag{6.2}$$

综合反应为

$$2Fe + O_2 + 2H_2O \rightarrow 2Fe(OH)_2 \tag{6.3}$$

氯离子促进铁的离解，加速阳极腐蚀过程，其反应为

$$Fe \rightarrow Fe^{2+} + 2e \tag{6.4}$$

$$Fe^{2+} + 2Cl \rightarrow FeCl_2 \tag{6.5}$$

氯离子与铁离子结合物是极不稳定的，氯离子很快被离解出来，铁离子与空气中的氧结合形成氧化物 Fe_2O_3、Fe_3O_4 等，即铁锈。而离解出来的氯离子继续阳极的腐蚀过程，大大加快了腐蚀速度。

2）阳离子的腐蚀性

阳离子主要为 Mg^{2+}、K^+、Na^+、Ca^{2+}、NH_4^+ 等。Mg^{2+} 对混凝土具有腐蚀作用，分解水泥中的钙，导致混凝土软化、粉化，强度降低，其反应式为

$$Ca(OH)_2 + MgCl_2 \rightarrow CaCl_2 + Mg(OH)_2 \tag{6.6}$$

K^+、Na^+、Ca^{2+} 离子本身无明显的腐蚀性，但它们在介质（土、水）中的存在，提高了介质的导电率，加速金属的腐蚀性。

NH_4^+ 的腐蚀性与 Mg^{2+} 相类似，与铁形成复合盐，对混凝土具有腐蚀作用。

氯盐在溶解、结晶过程中，体积发生变化，对有毛细孔的介质材料（混凝土、黏土砖等）产生破坏。例如，氯盐在接近 0℃时，能结晶 2 个结晶水，即

$$NaCl + 2H_2O \rightarrow NaCl \cdot 2H_2O \tag{6.7}$$

可使体积膨胀 130%，引起孔隙介质材料发生胀裂剥落破坏。

2. 硫酸盐的腐蚀性

硫酸盐以钠盐为主，有 Na_2SO_4、$Na_2SO_4 \cdot 10H_2O$，还有 $MgSO_4$、$MgSO_4 \cdot 7H_2O$ 和 $CaSO_4$、$CaSO_4 \cdot 2H_2O$ 等。其腐蚀也是阳离子和阴离子分别或联合作用。阳离子的腐蚀在上节内容中已有叙述，此节重点对硫酸盐的结晶腐蚀和硫酸根（SO_4^{2-}）的腐蚀作用进行讨论。

硫酸盐可与孔隙介质中的水化物发生化学反应，即

$$Na_2SO_4 \cdot 10H_2O + Ca(OH)_2 \rightarrow CaSO_4 \cdot 2H_2O + 2NaOH + 8H_2O \tag{6.8}$$

$$3CaSO_4 \cdot 2H_2O + 4CaO \cdot Al_2O_3 \cdot 19H_2O \rightarrow$$

$$3CaO \cdot Al_2O_3 \cdot 3CaSO_4 \cdot 31H_2O + Ca(OH)_2 \tag{6.9}$$

其中，式（6.8）的反应可使体积增大 2 倍，而式（6.9）的反应中，石膏继续与水泥中的水化物铝酸三钙起作用，产生新的含 31 个结晶水的铝酸三钙，体积又增大 2 倍。因此，如果盐渍土中的芒硝渗入混凝土中，与相应的成分发生反应，体积膨胀，产生较大的应力，导致混凝土破坏。

另外，硫酸根离子（SO_4^{2-}）还能促进金属（钢铁）的阳极腐蚀过程，增加介质的导电性，从而加快腐蚀。

6.2　粗颗粒盐渍土地基腐蚀性的评价

6.2.1　取样与测试

1. 取样

土试样应在混凝土结构所在的一定深度采取，每个场地不应少于 3 件。用于含盐量测定的扰动土试样，当深度小于 5.0m 时，常按 0.5m 间距采取；当深度为 5.0～10.0m 时，试样间距多为 1.0m。在地表、易溶盐富集区要加密取样。

粗颗粒盐渍土的取样质量应视大颗粒的比例而定，取样粒径 2mm 以下的颗粒不得小于 0.5kg，粒径小于 5mm 的颗粒不应少于 1000g。当粗颗粒盐渍土中盐类成分和含量分布不均匀时，应分区、分层取样，每区、每层不应少于 3 件。

2. 腐蚀性测试方法

粗颗粒盐渍土中的含盐成分主要是氯盐和硫酸盐。因此，腐蚀性的评价，以 SO_4^{2-} 和 Cl^- 作为主要腐蚀性离子；对钢筋混凝土，Mg^{2+}、NH_4^+ 和土的酸碱度（pH）也对腐蚀性有重要影响，为作为评价指标，其他离子通常以总盐量表示。盐渍土的化学分析应符合《土工试验方法标准》（GB/T 50123—2019）的规定，试验内容应包括：①易溶盐：Na^+、K^+、Ca^{2+}、Mg^{2+}、SO_4^{2-}、Cl^-、CO_3^{2-}、HCO_3^-、NH_4^+；②中溶盐：$CaSO_4$；③pH、总盐量；④氧化还原电位、极化电流密度、电阻率、质量损失。

1）易溶盐

Na^+、K^+、Ca^{2+}、Mg^{2+}、SO_4^{2-}、Cl^-、CO_3^{2-}、HCO_3^-、NH_4^+ 等离子含量的测定采用室内试验法，试验方法如下：使用风干土，过 2mm 筛，按土、水比例 1∶5 加入纯水搅匀、振荡 3min 后用抽气过滤取滤液，按与水的各种离子室内试验相同的方法进行测定。

2）pH

土的 pH 是固相的土与其平衡的土溶液中氢离子的负对数，是表示土中活性酸度的一种方法。土的 pH 采用原位测试法，以锥形玻璃电极为指示电极，饱和氯化钾甘汞电极为参比电极，在预定深度插入参比电极，插入深度不小于 3cm。以参比电极为中心，在以 20cm 为半径的圆周上，按 3 或 5 等分插入指示电极，插入深度与参比电极相同。测试后，取各点 pH 的算术平均值，作为该土层的 pH。

3）氧化还原电位

氧化还原电位采用原位测试法。氧化还原电位 E_h 是由标准电位 E_0 和氧化剂与还原剂的活度决定的，而不取决于活度的绝对值。测定方法是以铂极为指示电极、饱和氯化钾汞电极为参考电极进行测试。操作方法同测定 pH 时基本相同，但要求电极插入后平衡 1 小时。

4）极化电流密度

在腐蚀原电池中，只要有电流通过电极，就有极化作用产生。极化作用是电流通过后引起电极电流下降，电极反应过程速度降低，腐蚀速度减缓甚至腐蚀终止的现象，极化作用主要取决于电极和土的物理化学性质。

极化曲线采用原位测试法，测试时将两电极的光洁金属面相向平行对立，间距 5cm 插入土中，插入深度不小于 3cm，将土稍压，使电极金属面与土紧密接触。将仪器正极和负极上的导线分别连结在两个电极上，开始时给仪器一个低电流，5min 后仪器自动显示出极化电位差 ΔE（mV）的数值，然后逐步增大电流，得到相应的极化电位差。通常当 ΔE 达到 600mV 以上时，测试完毕。

将恒定电流除以电极面积，得到电流密度 I_d（mA/cm^2），绘制 I_d—ΔE 极化曲线，评价时以极化电位差 ΔE 为 500mV 时的电流密度 I_d（mA/cm^2）作为评价标准。

5）电阻率

土的电阻率越大，腐蚀程度越低；反之，电阻率越小，腐蚀程度越强。土的电阻率通常采用交流四极法测试，测试方法及结果如下。

（1）将四支探针按直线等距离排布插入土中，使两相邻探针的距离等于欲测土层的深度 a，探针插入深度应为 $0.05a$。

（2）将测试仪器水平地放置好，调整检流计指针使之在中心线上，再将仪器导线按顺序接在电极上，将倍率尺置于最大倍数上，摇动仪器手柄，同时转动“测量标度盘”和倍率钮，当指针接近平衡位置时，应加快摇动的速度，使其大于 120r/min，调整标度盘，使其指针在中心线上，即可记录数据，由测试结果可得地表至 a 深度处的电阻率。

（3）若改变两相邻探针的间距为 b（m），即可测试地表至 b 深度处的电阻率。

（4）在进行上述测量的同时，应测量土的温度。

（5）土的电阻率（ρ）应按式（6.10）计算，即

$$\rho = 2\pi aR \tag{6.10}$$

式中，ρ 为粗颗粒盐渍土的电阻率（Ω•m）；a 为两探针间的距离（m）；R 为 ZC-8 电阻测量仪读数。

6）温度校正

土的温度对电阻率影响较大，土的温度每增加 1℃，电阻率减少 2%，为便于对比，ρ 值统一校正至 15℃，即

$$\rho_{15} = \rho\left[1+\alpha\left(t-15\right)\right] \tag{6.11}$$

式中，ρ_{15} 为土温度为 15℃时的电阻率（Ω•m）；α 为温度系数，一般为 0.02；t 为实测时土的温度，指 0.5m 以下土的温度（℃）。

7）结构物埋置深度处电阻率校正

由于土的不均匀性，不同深度处土的电阻率也不同，因此需要计算结构物埋置深度处的电阻率，即

$$\rho_{a-b} = \frac{\rho_a R_b - \rho_b R_a}{R_a - R_b} \tag{6.12}$$

式中，ρ_{a-b} 为结构物埋置深度处的电阻率（Ω · m）；ρ_a 为从地表至 a 深度处的电阻率（Ω · m）；ρ_b 为从地表至 b 深度处土的电阻率（Ω · m）；R_a 为探针间距为 a（m）时的仪表读数；R_b 为探针间距为 b（m）时的仪表读数。

8）质量损失

质量损失为室内扰动土的试验项目，采用管罐法。具体试验方法如下：取钢铁结构物或普通碳素钢，加工成一定规格的钢管，埋置于盛试验土样的铁皮罐中，钢管用导线连接 ZHS-10 型质量损失测定仪的正极，铁皮罐用导线连接仪器的负极，通 6V 直流电使其电解 24 小时，求电解后钢管损失的质量。

6.2.2 腐蚀性评价

粗颗粒盐渍土对建（构）筑物的腐蚀性，分为强腐蚀、中腐蚀、弱腐蚀和微腐蚀四个等级。

1. 土对混凝土的腐蚀性评价

1）受环境类型影响，对混凝土结构的腐蚀性评价

A. 场地类型的划分

场地环境类型划分见表 6.1。

表 6.1 环境类型分类

环境类型	场地环境地质条件
I	高寒区、干旱区直接临水；高寒区、干旱区含水量 $w \geqslant 10\%$ 的强透水土层或含水量 $w \geqslant 20\%$ 弱透水土层
II	湿润区直接临水;湿润区含水量 20%的强透水土层或含水量 $w \geqslant 30\%$ 的弱透水土层
III	高寒区干旱区含水量 $w \geqslant 20\%$ 的透水土层或含水量 $w<10\%$ 的强透水土层;湿润区含水量 $w<30\%$ 的弱透水上层或含水量 $w<20\%$ 的强透水土层

注：1. 高寒区是指海拔等于或大于 3000m 的地区；干旱区是指海拔小于 3000m，干燥度指数 K 值等于或大于 1.5 的地区；湿润区是指干燥度指数 K 值小于 1.5 的地区；我国干燥度指数大于 1.5 的地区有新疆（除局部）、西藏（除东部）、甘肃（除局部）、宁夏、内蒙古（除局部）、陕西北部、山西北部、河北北部、辽宁西部、吉林西部。其他地区基本上小于 1.5。不能确认所需干燥度的具体数据时，可向各地气象部门查询。

2. 强透水层是指碎石土、砾砂、粗砂、中砂和细砂，弱透水层是指粉砂、粉土和黏性土。

3. 含水量 $w<3\%$ 的土层，可视为干燥土层，不具有腐蚀环境条件。

4. 当地区经验时境类型可据经验分场现两种环境类型时，应根据具体情况选定。

B. 腐蚀性评价

按环境类型，粗颗粒盐渍土对混凝土的腐蚀性评价按表 6.2 执行。

表 6.2 按环境类型粗颗粒盐渍土对混凝土的腐蚀性评价

腐蚀等级	腐蚀介质	环境类型		
		I	II	III
微	硫酸盐含量 SO_4^{2-} /（mg/kg）	<300	<450	<750
弱		300～750	450～2250	750～4500
中		750～2250	2250～4500	4500～9000
强		>2250	>4500	>9000
微	镁盐含量 Mg^{2+} /（mg/kg）	<1500	<3000	<4500
弱		15000～3000	3000～4500	4500～6000
中		3000～4500	4500～6000	6000～7500
强		>45000	>6000	>7500
微	铵盐含量 NH_4^+ /（mg/kg）	<150	<750	<1200
弱		150～750	750～1200	1200～1500
中		750～1200	1200～1500	1500～2250
强		>1200	>1500	>2250
微	苛性碱含量 OH^- /（mg/kg）	<52500	<64500	<85500
弱		52500～64500	64500～85500	85500～105000
中		64500～85500	85500～105000	105000～150000
强		>85500	>105000	>150000

续表

腐蚀等级	腐蚀介质	环境类型		
		I	II	III
微	总矿化度/（mg/kg）	<15000	<30000	<75000
弱		15000～30000	30000～75000	75000～90000
中		30000～75000	75000～90000	90000～105000
强		>75000	>90000	>105000

注：1. 表中的数值适用于有干湿交替作用的情况，I、II类腐蚀环境无干湿交替作用时，表中硫酸盐含量数值应乘以系数 1.3。

2. 表中苛性碱（OH^-）含量应为 NaOH 和 KOH 中的 OH^- 含量（mg/kg）。

2）受透水性影响，对混凝土的腐蚀性评价

根据地层渗透性，粗颗粒盐渍土对混凝土的腐蚀性评价按表 6.3 评价。

表 6.3　按地层渗透性土对混凝土的腐蚀性评价

腐蚀等级	pH		侵蚀性 CO_2/（mg/L）		HCO_3^-/（mmol/L）
	A	B	A	B	A
微	>6.5	>5.0	<15.0	<30.0	>1.0
弱	6.5～5.0	5.0～4.0	15.0～30.0	30.0～60.0	1.0～0.5
中	5.0～4.0	4.0～3.5	30.0～60.0	60.0～100.0	<0.5
强	<4.0	<3.5	>60.0	—	—

注：　1. 表中 A 是指直接临水或强透水层中的地下水；B 是指弱透水层中的地下水。强透水层是指碎石土和砂土；弱透水层是指粉土和黏性土。

2. HCO_3^- 含量是指水的矿化度低于 0.1g/L 的软水时，该类水质 HCO_3^- 的腐蚀性。

3. 土的腐蚀性评价只考虑 pH 指标；评价其腐蚀性时，A 是指强透水土层；B 是指弱透水土层。

3）粗颗粒盐渍土对混凝土腐蚀性的综合评定

当按表 6.2 和表 6.3 评价的腐蚀等级不同时，应按下列原则综合评定：

（1）腐蚀等级中，只出现弱腐蚀，无中等腐蚀或强腐蚀时，应综合评价为弱腐蚀。

（2）腐蚀等级中，无强腐蚀，最高为中等腐蚀时，应综合评价为中等腐蚀。

（3）腐蚀等级中，有一个或一个以上为强腐蚀，应综合评价为强腐蚀。

2. 对混凝土结构中钢筋的腐蚀性评价

根据相关规范规定，对混凝土结构中钢筋的腐蚀性评价，按表 6.4 要求执行。

表 6.4　对混凝土结构中钢筋的腐蚀性评价

腐蚀等级	土中的 Cl^- 含量/（mg/kg）	
	A	B
微	<400	<250
弱	400～750	250～500
中	750～7500	500～5000
强	>7500	>5000

3. 对钢结构的腐蚀性评价

粗颗粒盐渍土对钢结构的腐蚀性，按表 6.5 要求执行。

表 6.5　粗颗粒盐渍土对钢结构的腐蚀性评价

腐蚀等级	pH	氧化还原电位/mV	视电阻率/（Ω·m）	极化电流密度/（mA/cm^2）	质量损失/g
微	>5.5	>400	>100	<0.02	<1.0
弱	5.5～4.5	400～200	100～50	0.02～0.05	1.0～2.0
中	4.5～3.5	200～100	50～20	0.05～0.20	2.0～3.0
强	<3.5	<100	<20	>0.20	>3.0

注：粗颗粒盐渍土对钢结构的腐蚀等级评价，取各指标中腐蚀等级最高者。

4. 对砖、水泥及石灰的腐蚀性评价

粗颗粒盐渍土对砖、水泥和石灰的腐蚀性，按表 6.6 要求进行评价。

表 6.6　对砖、水泥及石灰的腐蚀性评价

腐蚀介质	埋置条件	指标范围	对砖、水泥、石灰的腐蚀
硫酸盐含量 SO_4^{2-} /（mg/kg）	干燥	>6000	强
		4000～6000	中
		2000～4000	弱
		≤2000	微
	潮湿	>4000	强
		2000～4000	中
		400～2000	弱
		≤400	微

续表

腐蚀介质	埋置条件	指标范围	对砖、水泥、石灰的腐蚀
硫酸盐含量 Cl⁻ /（mg/kg）	干燥	>20000	强
		5000～20000	中
		2000～5000	弱
		≤2000	微
	潮湿	>7500	强
		1000～7500	中
		500～1000	弱
		≤500	微
土中总盐量 正负离子总和 /（mg/kg）	有蒸发面	>10000	强
		5000～10000	中
		3000～5000	弱
		≤3000	微
	无蒸发面	>50000	强
		20000～50000	中
		5000～20000	弱
		≤5000	微
土酸碱度 pH	/	≤4.0	强
		4.0～5.0	中
		5.0～6.5	弱
		>6.5	微

注：1. 当氯盐和硫酸盐同时存在并作用于钢筋混凝土构件时，应以各项指标中腐蚀性最高的确定腐蚀等级。
2. 在强透水性地层中腐蚀性可提高半级至一级；在弱透水性地层中，腐蚀性可降低半级至一级。
3. 基础或结构的干湿交替部位应提高防腐蚀等级。
4. 对天然含水量小于 3%的土，可视为干燥土。
5. 腐蚀性评价中，以最高的腐蚀性等级确定防腐蚀措施。

6.3　粗颗粒盐渍土地区常见的腐蚀性防范措施

6.3.1　外护型防腐措施

外护型防范措施是指用防腐介质将保护材料与外界腐蚀性物质隔离开的一种防腐方法。目前电力工程中常用的外护型防腐措施主要有基础表层刷防腐涂料和玻璃钢布包裹基础等。本书所述内容只是作者所从事行业内多见的防腐措施，综述内容存在不全面之处，读者可借鉴其他相关规范或材料。

1. 防腐涂料

1）防腐涂料类型

目前防腐涂料大致分为有机表面防护材料和无机表面防护材料。其中有机表面防护材料主要分为环氧涂料、聚氨酯涂料、氯化橡胶、丙烯酸涂料、氯化聚乙烯涂料、玻璃鳞片、有机硅树脂、聚脲弹性体涂料和氟树脂涂料；无机表面防护材料是通过堵塞混凝土表面孔隙或者在孔隙中形成憎水膜等方式防止有害物质浸入混凝土内部。目前，有机硅是使用最广泛的渗透性表面防护涂料。除此之外，渗透结晶型防护材料、水溶硅酸盐类渗透密封剂等材料也在不断研究和应用中。实际工程中基础涂防腐材料型如图 6.1 所示。

图 6.1　外刷涂料型防腐蚀照片

2）防腐涂料应用要求

相关规范中规定，盐渍土地区基础的防腐涂料应具有良好的耐碱性、附着性和耐蚀性，底层涂料应具有良好的渗透能力；表层涂料应具有耐老化性。根据设计使用年限及环境状况进行涂层系统的设计，其中配套涂料及涂层最小平均厚度可按表 6.7 选用。

2. 玻璃钢布

玻璃钢布是用玻璃纤维增强不饱和聚酯、环氧树脂与酚醛树脂基体而形成的纤维强化塑料。玻璃钢布是国外 20 世纪初开发的一种新型复合材料，具有质量轻、强度高、防腐蚀等特点。

表 6.7　混凝土表面涂层最小平均厚度

设计使用年限/年	配套涂料名称				涂层干膜最小平均厚度/μm	
20	1	底层		环氧树脂封闭层	无厚度要求	无厚度要求
		中间层		环氧树脂漆	300	250
		面层	Ⅰ	丙烯酸树脂漆或氯化橡胶漆	200	200
			Ⅱ	聚氨酸磁漆	90	90
			Ⅲ	乙烯树脂漆	200	200
	2	底层		丙烯酸树脂封闭漆	15	15
		面层		丙烯酸树脂漆或氯化橡胶漆	500	500
	3	底层		环氧树脂封闭漆	无厚度要求	无厚度要求
		面层		环氧树脂或聚氨酸煤焦油沥青漆	500	500
10	1	底层		环氧树脂封闭层	无厚度要求	无厚度要求
		中间层		环氧树脂漆	250	200
		面层	Ⅰ	丙烯酸树脂漆或氯化橡胶漆	100	100
			Ⅱ	聚氨酸磁漆	50	50
			Ⅲ	乙烯树脂漆	100	100
	2	底层		丙烯酸树脂封闭漆	15	15
		面层		丙烯酸树脂漆或氯化橡胶漆	350	320
	3	底层		环氧树脂封闭漆	无厚度要求	无厚度要求
		面层		环氧树脂或聚氨酸煤焦油沥青漆	300	280

玻璃钢布防腐措施的应用，可参考《建筑防腐蚀工程施工及验收规范》（GB 50212—2002）。盐渍土地区玻璃钢布防腐蚀措施如图 6.2 所示。

6.3.2　内增型防腐措施

内增型防腐措施是指从钢筋混凝土内部结构着手，增强盐渍土地区结构本身的抗腐蚀能力的措施，如增强混凝土的密实性、提高混凝土自身的耐久性等。

1. 增强混凝土的密实性

混凝土是呈酸性反应的多孔材料，地基土中所有易溶盐吸湿后都能渗入不密实的混凝土孔隙，在一定的湿度和温度下转化为体积膨胀的结晶水化物，引起混凝土结构的破坏。因此，提高混凝土的密实性，增强混凝土的抗渗能力，有利于提高混凝土自身的抗腐蚀性能。

图 6.2 玻璃钢布防腐措施照片

2. 提高混凝土的耐久性

提高混凝土耐腐蚀性的措施主要有：在不同的腐蚀环境下选用适合的水泥，提高混凝土强度等级，添加混凝土外加剂、矿物掺合料，减小水灰比等（表 6.8）。

表 6.8 提高混凝土耐久性的内部防腐措施

项目	环境等级		
	弱	中	强
水泥品种	普硅水泥、矿渣水泥	普硅水泥、矿渣水泥、抗硫酸盐水泥	普硅水泥、矿渣水泥、抗硫酸盐水泥
混凝土最低强度等级	C30	C35	C40
最小水泥用量/（kg/m^3）	300	320	340
最大水灰比	0.5	0.45	0.4
保护层厚度/mm	≥50	≥50	≥50
外加剂	—	阻锈剂、减水剂、密实剂等	阻锈剂、减水剂、密实剂等

第 7 章　粗颗粒盐渍土地基防治技术

7.1　粗颗粒盐渍土地基防治基本原则

盐渍土对工程建设的危害是多方面的，主要是由其浸水后的溶陷、含硫酸盐地基的盐胀，以及盐渍土地基对基础和其他地下设施的腐蚀等造成的。此外，盐渍土地区所用的工程材料（如砂、石、土等）和施工用水中，常含有过量的盐类，也对工程建设造成一定的危害。影响粗颗粒盐渍土地基病害的因素很多，含盐量、地基土颗粒组成、密实度、地层结构、温差变化、水等都是主要控制因素。在不同的区域和场地，关键控制因素又有所不同，需根据不同的场地条件和盐渍土特性提出相应的工程病害防治措施，总体可以概括总结为“一避、二防、三治”的基本原则。

所谓“避”，即工程场地尽可能避让含盐量高的地段。水是盐分迁移的载体，地势较低处，盐分容易积累，含盐量较高。线路工程路径规划时，除了要注意选线的一般要求外，还应特别注意趋高避低，尽量远离含盐量高的地段。粗颗粒盐渍土地区具有十分特殊的水文地质条件，如盐随水走、水蒸盐留、寒胀暑缩等。因此，在进行盐渍土地区线路路径的规划、建设场地选点及地基处理时，必须了解区域水文地质特征，把握盐渍土性能及趋势，以达到趋利避害的目的。对于电力工程，应避免将发电厂厂址、变电站站址及输电线路路径选择在地基土易溶盐含量高、易发生溶陷和盐胀病害、腐蚀性强的地段，避开地势低洼的汇水地带，以及地下水位升降使基础处于干湿交替频繁的地带。青海某变电站的站址原本选于灌渠下方，政府部门提出避免占用良田而将站址移到灌渠上方，移动后的站址地基含盐量本身就高，加之靠近沟口源源不断地有盐分补充进来，后续施工和监管未引起重视，变电站投产之后即有道路、地坪出现裂缝和沉陷等现象，在经过多雨夏季和严寒冬季的一年运行之后，地基变形进一步加剧，一些构架、设备基础倾陷，以致陆续产生了上部设备事故，直接影响安全运行。

所谓“防”，是采用场地外围设置截排水沟、场地内部设置排水盲沟、降低地下水位、铺设防渗土工布、铺填粗颗粒砂砾垫层、提高地基高度等方法来阻隔水盐的迁移，以此来降低治理后的地基重新或进一步盐化的可能性。砂砾（碎）石隔断层适用于地下水位较高或降水较多的强盐渍土地区，上下设反滤层，反滤层宜采用具有渗透功能的土工织物，也可采用中、粗砂，含泥量应不大于 3%。复合土工膜隔断层应具有抗渗、耐腐蚀、抗老化和耐冻性能以及相当的强度，一般有二布一膜、一布一膜。针对上述青海某变电站存在的盐渍土地基病害，设计采取了地基处理、防腐、防水、结构等综合治理措施，效果较好。防水措施主要是做好站区竖向布置，防治水浸入地基；对水工建筑物设置防渗垫层，室外设置宽散水，加大建筑物与绿化带之间的距离等。

所谓“治”，是采取减小或消除原盐渍土地基的盐胀、溶陷和腐蚀等不良工程性质的地基处理或其他措施，使其达到工程的要求。按其措施和手段通常分为物理方法和化学方法两类。物理方法主要有换填、浸水预溶、强夯、覆重、土工布或土工格栅等。化学方法主要有水泥、石灰、矿渣、粉煤灰等传统固化剂直接对盐渍土改良；新型 HAS 固化剂、KD 固化剂、SH 有机高分子固化剂等对盐渍土直接改良；在硫酸盐渍土中加入适量 NaCl、$CaCl_2$、$BaCl_2$ 等化学外加剂改良。

7.2 常见盐渍土地基病害防治基本方法

与一般土不同，盐渍土遇水及温度变化时具有溶陷、盐胀及腐蚀性，给地基土承载力评价及基础选型带来较大的困难。例如，盐渍土地基浸水后，土中易溶盐被溶解或潜蚀带走，土体结构发生变化，形成一种软弱地基，承载力显著下降，发生较大的沉降变形，影响建筑物的安全性。又如，地基土中所含盐分不同，对基础的腐蚀性也表现出较大的差异，影响基础选材及防腐蚀措施的选择。总之，盐渍土地基处理的目的，主要在于改善土的力学性能，消除或减少地基因浸水或温度变化而引起的溶陷、盐胀和腐蚀等特性。地基土处理的原则是在已有相对成熟的盐渍土地基处理方法中，根据盐渍土的特性，参考该类盐渍土已出现的主要病害，以及以往的工程处治措施的实际效果，选择易于实施、对环境影响小、技术可行、经济合理、安全可靠的综合处治方案。

盐渍土地基中的防腐蚀技术，具有多环节与综合性的特点，需要多方面的配合。盐渍土地基中的防腐蚀处理主要由防腐蚀设计与施工两个环节构成，做好此项工作，具有重大的经济意义和现实必要性。

目前，用来防治盐渍土地基，以消除或减少盐渍土溶陷性和盐胀性的方法很多，工程中常见的一些处理方法如下。

7.2.1 防止盐渍土地基盐胀的处理方法

盐渍土的盐胀主要是硫酸盐渍土的盐胀。目前国内广泛采用的防止硫酸盐渍土盐胀的方法主要有以下几种。

（1）化学方法：在盐渍土地基中掺入氯盐，使硫酸盐结晶析出，在地基表面形成盐壳，去除盐壳后，地基中的硫酸盐含量降低，地基的膨胀量也随之减小。

（2）设置变形缓冲层：在盐渍土地基上设一层 20cm 左右厚的大粒径卵石，

使盐胀变形得到缓冲，减少对建（构）筑物的破坏。

（3）设置地面隔热层：根据盐渍土地基的盐胀机理可知，如果地温变化不超过一定的值，盐渍土不会产生盐胀，所以在地面设置隔热层，使得地温变化符合此要求，就可以达到完全消除盐渍土地基盐胀的目的。

（4）换土垫层法：当硫酸盐渍土厚度不大时，可把盐渍土层挖除，然后回填不含盐的砂石、灰土等替换盐渍土层，这样就可完全消除盐渍土地基的盐胀性。

7.2.2　减小盐渍土地基溶陷的处理方法

1. 浸水预溶法

对盐渍土地基预先浸水，使地基中的易溶盐预先充分溶解，随水渗流到较深的土层中或者随毛细水上升带到地表进行清盐，达到降低地基中的易溶盐含量的目的，使其不再具有盐渍土的工程特性。这种方法也可以称为“原位换土法”，即通过预浸水洗去土中的盐分，把盐渍土改良为非盐渍土。浸水预溶法一般适用于厚度较大，渗透性较好的砂、砾石土、粉土和黏性盐渍土。对于渗透性较差的黏性土，不宜采用浸水预溶法。

在青海西部盐渍土地区进行的浸水预溶法处理盐渍土地基的试验研究，取得很好的效果，和其他方法相比，具有效果好、施工方便、成本低等优点。

浸水预溶法虽然已经在很多实际工程中试验性应用，取得一些研究成果，并积累了丰富的施工经验，但预浸水法处理黏性盐渍土地基应用还不成熟，存在许多问题，如预浸水处理地基的耗水量、停水条件、稳定标准及处理后地基的压缩性和承载力。

2. 强夯法

强夯法又称为动力固结法，是一种将较大的重锤（一般为 80～400kN，最重达 2000 kN）从 6～20m 高处（最高达 40m）自由落下，在强烈的冲击力和振动力作用下，使地基土密实。有些盐渍土地基结构松散，具有大孔隙和架空结构的特点，土的密实度很低。采用强夯法时，夯击能量使土体原结构破坏，在动力冲击作用下减小土的孔隙比，使土体密实，从而减小盐渍土地基的溶陷性。这一方法在新疆阜康盐渍土地区被采用，在解决地基溶陷性问题上取得较好的效果。

强夯法适用于松散碎石土、砂土、低饱和粉土和黏性土等盐渍土地基的处理，效果较好。对于高饱和软黏土（淤泥及淤泥质土）等盐渍土地基的处理效果较差。

相比较而言，强夯法在处理盐渍土地基的方面，具有施工简单、加固效果好、使用经济等优点。虽然强夯法在实践中已成为一种较好的地基处理手段，但到目前为止，采用强夯法处理盐渍土地基还没有一套成熟和完善的理论和设计计算方法，只有通过现场试验选定合适的强夯参数，才能达到有效、经济的目的。

3. 浸水预溶加强夯法

浸水预溶加强夯法是将浸水预溶法与强夯法相结合，先对盐渍土地基进行浸水预溶，然后再进行强夯，可以进一步增大地基土的密实性，减少浸水溶陷性。

这种方法主要在含结晶盐较多的砂石类土中应用。砂石类盐渍土虽然天然含水率低，但天然结构强度很高，单独采用强夯法来减小地基浸水溶陷比较困难，为消除地基浸水溶陷问题，采用先浸水后强夯的方法。

浸水预溶加强夯法处理地基成本较高，工期较长，除了应用于一些较重要或者对沉降有特殊要求的工程，一般需经过技术和经济方面的比较后方可采用。

4. 换土垫层法

换土垫层法是把盐渍土层挖除，如果盐渍土较薄，可全部挖除，然后回填不含盐的砂石、灰土等替换盐渍土层，分层压实。这样就可部分消除或完全消除盐渍土地基的溶陷性，减小地基的变形，提高地基的承载力。

这种方法主要用来处理溶陷系数较高、但不很厚的盐渍土地基。对于盐渍土层较厚的地基，采用此种方法工程费用高，不经济。

5. 盐化处理法

在盐渍土地基中注入饱和的或过饱和的盐溶液，使地基发生如下变化：饱和盐溶液注入地基土体后，随着水分的蒸发，盐结晶析出，填充在原来土体的孔隙中，不仅起到土颗粒骨架作用，而且减小了孔隙比，使盐渍土渗透性减小、致密性增大，保持乃至增加了原土层的结构强度，使得盐渍土地基即使浸水也不会发生较大的溶陷。

这种方法在青海西部盐渍土地区被广泛应用，优点是：可以就地取材，降低造价；施工简便，人力物力消耗少。

盐化处理法在处理民用或工业建筑盐渍土地基时比较适用，因为处理面积不是很大，对处理所用的盐和水的需求也不是很大，若是用来处理路基，需要进行可行性研究。

6. 桩基础法

当盐渍土层较厚、含盐量较高时，在盐渍土地基中可采用刚性桩基础，如钻孔灌注桩、挖孔灌注桩或墩基础。

桩基础法适合在地下水位埋深较深的非饱和盐渍土地基中使用，如果应用在水位较浅的饱和盐渍土地基中，需要先进行小规模的现场试验，以确定是否可行。

另外，桩基础在盐渍土介质中长期受盐类侵蚀，使用寿命如何，有待进一步试验研究或专门研究。

盐渍土的区域性和多样性，使得上述这些方法都有其使用范围和局限性。选择什么样的处理方法，要根据盐渍土的含盐类型、含盐量、物理和力学性质、溶陷等级、盐胀特性、工程地质条件、材料来源、施工期限及处理费用来决定。

上述所有方法对比见表 7.1。

表 7.1　盐渍土地基处理的常用方法

比较类别	消除盐胀				消除溶陷					
	化学方法	设置变形缓冲层	设置地面隔热层	换土垫层法	浸水预溶法	强夯法	浸水预溶+强夯法	换土垫层法	盐化处理法	桩基法
造价	一般	一般	一般	费用很高	高	高	很高	很高	一般	费用很高
工期	长	较短	较短	长	长	短	较短	长	长	较短
消除病害的效果	一般	一般	一般	较好	基本消除	基本消除	基本消除	较好	一般	基本消除
施工技术特别要求	—	—	—	—	—	—	控制注水量	—	—	—
施工难度	难	易	难	易	用水困难	易	用水困难	易	易	—

7.3　粗颗粒盐渍土地基处理方法

7.3.1　地基处理对策

粗颗粒盐渍土通常分布在气候干燥、降雨稀少、温差大、日照丰富的地区。根据大量工程资料可知，这些地区不含盐的换填料稀少，可用于预溶地基处理的水量非常有限，因此按照规范要求利用非盐渍土换填或对地基进行强夯、预溶处理的方案，费用非常高，而且处理过程中存在场地开挖料的外运处理和外购骨料的购置和运输问题，这样使得土建费用在整个工程投资中的比例较非粗颗粒盐渍土地区要大很多；同时，运输过程中的灰尘还会造成环境污染。因此，有必要探索、研究在这类干旱且盐分高的地区适宜的地基处理方法。进行粗颗粒盐渍土地基处理时，化学改良和物理改良均能达到消弱或消除地基土溶陷及盐胀的目的，但由于粗颗粒盐渍土所处环境及化学改良中施工工艺难以准确把握等特性，化学改良的措施在实际工程中很少应用。而物理改良由于具有成本低、施工速度快、技术易掌握、经济效益和环境效益佳等众多优点，在粗颗粒盐渍土地基处理中应用更加广泛。

中国电力工程顾问集团西北电力设计院有限公司在已有工程实践和研究成果的基础上，对西北内陆粗颗粒盐渍土的地基处理方案进行了室内外试验研究，对比了物理和化学处理方法在内陆粗颗粒盐渍土地区的可用性和适宜性，提出一套粗颗粒盐渍土“地基改良技术”的实施方案（见7.3.3节内容），并经工程实践证明，具有明显的经济效益和环境效益，具有较大的推广价值。电力工程项目类型较多，不同类型项目的基础埋深、基底压力、地基变形敏感性等差异较大，因此，这种方案在工程中的适宜性又各有不同。

（1）不同电力工程类型中的差异性。粗颗粒盐渍土地基中的电力工程主要包括发电厂、变电所（换流站）、线路铁塔等。线路铁塔基础一般埋深大，溶陷和盐胀不是该类工程的主要危害，需要重点考虑地基土的腐蚀性，以及排水系统不畅而引起的次生盐害问题；而电厂、变电所（换流站）等通常情况下要求地基承载力高、基础埋深浅，或对变形敏感性强，需要对溶陷、盐胀及腐蚀均考虑。

（2）不同的粗颗粒盐渍土类型。粗颗粒盐渍土主要分为盐胶结型盐渍土及盐充填型盐渍土。对于发电厂及变电所（换流站）等场地性建（构）筑物，需重点考虑盐充填型粗颗粒盐渍地基土的溶陷性及盐胶结型粗颗粒盐渍土的盐胀性。

7.3.2　化学改良

化学改良主要是指在粗颗粒盐渍土中添加石灰、粉煤灰、水泥等，通过离子交换与土中水分、空气中二氧化碳发生一系列的物理化学反应，降低易溶盐的离子含量，同时增加盐渍土颗粒间的凝聚胶结作用，起到增强地基土的密实性、减小地基土的渗透性的作用，进而达到改良地基性能的目的。

石灰、粉煤灰、水泥等广泛应用于盐渍土地基改良工程中，许多学者对其机理、工程特性等进行了研究。陈渊召和李振霞（2013）从石灰、粉煤灰和水泥的工程特性出发，深入研究了石灰改良盐渍土、石灰粉煤灰改良盐渍土和石灰粉煤灰水泥改良盐渍土的机理。刘润有等（2010）提出了滨海新区氯盐盐渍土详细的加固处理方案。电石灰作为工厂生产乙炔气体排放的废料，是生石灰加碳经过加工生成的，用来改良盐渍土具有良好的水稳定性和抗冻性能，耐久性能满足滨海地区高速公路路基的路用要求。张佳晔（2011）、徐翔宇（2012）、吴秋正（2011）、蒲昌瑜和马玉静（2007）对电石灰改良盐渍土路基填料物理、力学等方面进行了研究。杨晓松（2009）、张超等（2011）对用粉煤灰改良氯盐渍土的强度特性和压缩、溶陷变形特性进行了研究。田汉儒等（2016）选取新疆准东地区某电厂厂区内粗颗粒盐渍土样，掺合一定配比的水泥、消石灰、粉煤灰对其进行化学改良试验，结果表明：掺合一定比例的水泥、粉煤灰、消石灰均可对粗颗粒盐渍土地基进行改良，能消弱或消除盐渍土溶陷性能。

考虑到粗颗粒盐渍土地区交通的便利性及所用改良原料的局限性，结合工程建设时间情况，本书中化学改良，主要进行添加水泥的溶陷试验，并将试验结果与现场浸水试验结果进行对比分析。

1. 试验方案

改良试验为室内试验。

1）试验材料

试验土样取自位于准噶尔盆地的新疆神火动力站工程场地，场地地质条件、易溶盐含量、现场浸水载荷试验成果等见本书 4.6.2 节内容。

2）试验方法

溶陷试验采用压缩试验法，在固结仪上试验。试验采用西安亚星土木仪器设备有限公司研制的 CJJ 型粗颗粒土固结仪，压力范围为 0～2.5MPa，精度 0.25kPa；本次改良试验试样直径为 152mm、高度为 150mm；电子百分表：量程 0～15mm，精度 0.01mm。

2. 试样制备

（1）将所取粗颗粒盐渍土试样过 20mm 筛，然后将 52.5 普通硅酸盐水泥掺合料按照 0%（不掺水泥）、2%、4%、6%及 8%配合比与粗颗粒盐渍土试样混合均匀，测定混合料初始含水量，并放置备用。

（2）按照最优含水量计算固定质量试样喷水量，保持制样温度在 20℃以上，用喷壶分层将散装土样均匀喷湿，密封静置 24 小时。测定 3 个不同部位含水量，误差不大于 1%时，认为土样湿润均匀，取 3 个不同部位的含水量平均值作为本批次土样含水量。

（3）将改良土试样按照一定的干密度（压实系数 0.95）计算所需湿土质量，导入试样筒内，开动压力机将土样分层压制成直径为 152mm、高度为 150mm 的标准试样（图 5.5）。

（4）将制备好的试样取出并密封保持在 20℃以上，分别养护 0 天、7 天、14 天及 28 天（图 7.1），然后进行相应试验操作。

（a）0%（不掺水泥）　　（b）2%

(c) 4%　(d) 6%

(e) 8%

图 7.1　养护 28 天后改良土试样

室内化学改良试验共完成 20 件粗颗粒盐渍土改良试样的溶陷试验，具体试样情况见表 7.2。

表 7.2　室内化学改良试样参数

试样分类	试样编号	试验项目	含水量/%	湿密度/(g/cm³)	干密度/(g/cm³)	试样配合比（水泥：盐渍土）	养护龄期/天
不掺水泥	RX-0-0	溶陷	6.9	1.99	1.86	0：100	0
改良土	RX-0-2	溶陷	6.9	1.99	1.86	2：98	0
改良土	RX-0-4	溶陷	6.9	1.99	1.86	4：96	0
改良土	RX-0-6	溶陷	6.9	1.99	1.86	6：94	0
改良土	RX-0-8	溶陷	6.9	1.99	1.86	8：92	0
改良土	RX-7-0	溶陷	6.9	1.99	1.86	0：100	7
改良土	RX-7-2	溶陷	6.9	1.99	1.86	2：98	7
改良土	RX-7-4	溶陷	6.9	1.99	1.86	4：96	7
改良土	RX-7-6	溶陷	6.9	1.99	1.86	6：94	7

续表

试样分类	试样编号	试验项目	含水量/%	湿密度/（g/cm^3）	干密度/（g/cm^3）	试样配合比（水泥：盐渍土）	养护龄期/天
改良土	RX-7-8	溶陷	6.9	1.99	1.86	8：92	7
改良土	RX-14-0	溶陷	6.9	1.99	1.86	0：100	14
改良土	RX-14-2	溶陷	6.9	1.99	1.86	2：98	14
改良土	RX-14-4	溶陷	6.9	1.99	1.86	4：96	14
改良土	RX-14-6	溶陷	6.9	1.99	1.86	6：94	14
改良土	RX-14-8	溶陷	6.9	1.99	1.86	8：92	14
改良土	RX-28-0	溶陷	6.9	1.99	1.86	0：100	28
改良土	RX-28-2	溶陷	6.9	1.99	1.86	2：98	28
改良土	RX-28-4	溶陷	6.9	1.99	1.86	4：96	28
改良土	RX-28-6	溶陷	6.9	1.99	1.86	6：94	28
改良土	RX-28-8	溶陷	6.9	1.99	1.86	8：92	28

3. 试验结果

对溶陷系数与水泥掺量及溶陷系数与试件养护时间进行统计分析，试验曲线如图 7.2、图 7.3 所示。

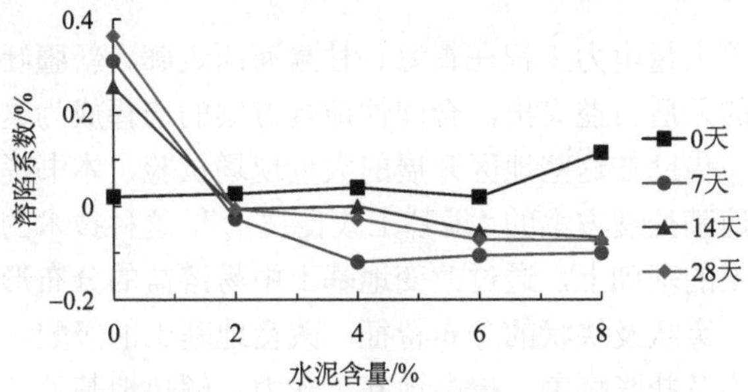

图 7.2　溶陷系数随水泥掺量变化规律

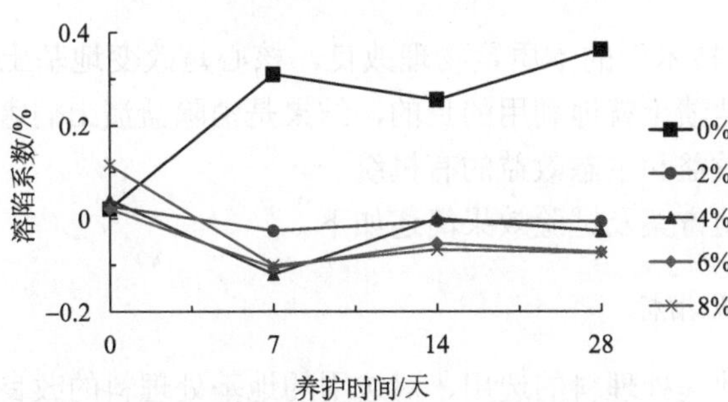

图 7.3　溶陷系数随养护时间变化规律

（注：图中溶陷系数为负值表示试样体积膨胀）

改良溶陷试验的总体结果表明：一定掺合比情况下，水泥含量的多少，对地基土溶陷性的消弱、消除的影响不大，但总体还是有一些规律可循。

（1）不养护（养护时间 0 天）工况下，随水泥配合比增加，盐渍土溶陷系数无明显的变化规律，且变化幅度较小，这反映出不养护条件下水泥掺量对盐渍土溶陷系数无影响。分析其原因，主要是不养护条件下，水泥无法充分发生水解及水化反应，进而无法形成具有较高结构强度和水稳定性的复合土体；养护条件下水泥配合比为 2%时，盐渍土的溶陷性改良效果较好，但随着水泥配合比增加，溶陷系数整体变化幅度逐渐减小，最终趋于稳定的数值，表现出指数衰减特征。基于上述分析，可以看出 2%的水泥配合比对粗颗粒盐渍土溶陷性改良效果相对较优。

（2）随着养护时间增加，不含水泥（水泥配合比 0%）试样溶陷系数无显著变化规律，呈波动形变化特征，这表明不含水泥条件下养护时间对盐渍土溶陷系数无影响。养护 7 天后，水泥改良土试样溶陷系数有一定程度的降低，溶陷性得到一定的抑制；随着养护时间继续增加，溶陷系数变化速率逐渐减小，最终趋于稳定的数值。基于上述分析，养护时间 7 天对粗颗粒盐渍土溶陷性改良效果相对较优。

7.3.3 粗颗粒盐渍土地基改良技术

近年来，随着大量电力工程在青海、甘肃河西走廊、新疆吐哈及准东地区的开展，地基处理的矛盾日益突出，合理性地基方案的选择成为这些地区工程建设的关注点和亮点。借助在这些地区开展的大量现场试验，本书提出一种适用于粗颗粒盐渍土地区地基处理方案的“地基土改良技术”，这种技术的原理是在有效利用场地原有地基土的基础上，通过改变地基土中易溶盐的分布形态，破坏地基土中易溶盐成层状、窝状及块状的分布特征，改良地基土的级配，进而消弱、消除地基土的潜在溶陷及盐胀病害，提高地基承载力，解决地基处理中换填料难以购置的问题。

“地基土改良技术”的本质是物理改良，核心是改变地基土中易溶盐的分布形态，达到场地盐渍土就地利用的目的，结果是消除盐渍土病害，降低地基处理费用，达到经济效益和生态效益的有机统一。

该技术的试验方案及试验效果简述如下。

1. 改良技术及指标

该技术包括地基处理料的选用、对选用的地基处理料的改良、地基处理技术等 3 个环节（图 7.4）。所述 3 个部分是按先后顺序进行的，即先进行选用的场地料开挖，然后对场地开挖料或场地料与粗骨料按一定比例掺合好的回填料进行改良，最后进行回填料改良后的处理。

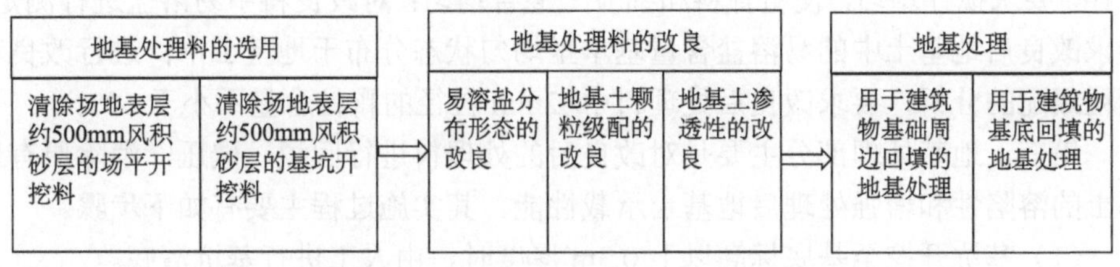

图 7.4　改良技术方案实施流程

1）地基处理料的选用

地基处理料的选用部分主要包括如下步骤。

（1）地基处理料优先选用建设场地基坑及场平开挖料，要求选用料粒径不小于砾砂级别。

（2）对选定的场地地基处理料，开挖时需清除场地表层约 500mm 的风积砂层（多为含盐量很高的风积砂）。

（3）对开挖出来的地基处理料，需剔除开挖层中的盐胶结块。

2）地基处理料的改良

地基处理料的改良部分主要是对选用的地基料中的易溶盐分布形态和地基土级配的改良。其改良过程主要包括如下步骤。

第一，对用于基坑内基础周围回填处理料，可直接对场地开挖时清除表层约 500mm 风积砂层的场地料（粗颗粒盐渍土）进行改良。

根据粗颗粒盐渍土的场地条件，场地料开挖时至少要用 210 型以上的挖掘机。对于场地开挖出的粗颗粒盐渍土，应进行人工或者机械搅拌，改变原有地层中易溶盐的分布形态，使其均匀分布于地基处理料中。

对于场地开挖出的粗颗粒盐渍土，经过人工或者机械搅拌后，应进行易溶盐测定，要求搅拌改良后地基土中的易溶盐含量基本呈均匀状态分布于地基土中。

对于场地开挖出的粗颗粒盐渍土，经过人工或者机械搅拌后，可改变原有地层中地层岩性不均匀的特征，优化地基处理料中的颗粒级配，且可降低地基土的渗透性。

第二，对用于地基换填处理料，是用清除表层约 500mm 风积砂层后的场地料（粗颗粒盐渍土）与外购骨料（骨料粒径应为 30～50mm）按一定掺合比进行级配改良。

一般场地开挖料和外购骨料（骨料粒径应为 30～50mm）的比例按 7∶3 进行配比。当场地开挖料中>2mm 粒径的颗粒含量较低时，场地开挖料和外购骨料（骨料粒径应为 30～50mm）的比例可按 6∶4 进行配比。

对于场地料和外购骨料按一定配比改良的地基处理料，可用人工或机械进行搅拌，要求搅拌均匀，使粗骨料和细粒土混合均匀；对改良料中易溶盐进行测定，要求改良后地基土中的易溶盐含量基本呈均匀状态分布于地基土中；进行改良料颗粒级配的分析，要求改良后处理料中>2mm 粒径的颗粒含量不小于 60%。

第三，地基处理部分主要是对改良后的处理料进行回填、碾压，消除原有地基土的溶陷性和增强处理后地基土承载性能。其实施过程主要有如下步骤。

（1）基坑开挖至基底标高以上 0.3m 厚度时，由人工进行基坑清底。

（2）基坑开挖至基底标高并验收合格后，应立即进行回填处理。

（3）基坑的回填应分层碾压，每层的虚铺厚度一般控制在 400mm，回填土的含水量 3%～6%。

（4）对虚铺完的层位，应选择不小于 12 吨的压路机进行碾压处理。先平碾一遍，而后振动（高振）碾压 4～6 遍，碾的摆幅宽度为 2/3 碾宽，压路机行驶速度控制在 2km/小时左右。

（5）每层碾压完成后，测定该层的密度 ρ_0，易溶盐含量 C，含水量 ω，颗粒级配等指标，且每个测试指标的试件不少于 6 件。

（6）根据前述所测指标，计算每层的压实系数，要求每层回填土的压实系数不小于 0.97。

按上述步骤处理完的地基土，要进行静力载荷试验，以测定地基土的承载力特征值及变形模量。

2. 改良效果

以新疆神火动力站工程为例，原始场地地基土中存在层状含盐层，且地层结构呈散体状，浸水时地基土的平均溶陷系数为 0.022，是溶陷性场地。按照“地基土改良技术”方案，选用两种工况进行改良：一种方案为选用场地施工开挖的具有溶陷性的上部角砾层进行改良；另一种方案为选用场地具有溶陷性的角砾和外购骨料（粒径>3cm）按 7∶3 混合进行改良。

改良结果显示：场地料直接改良后，地基土消除了溶陷性，溶陷系数为 0.0075，地基土承载力特征值为 170kPa，变形模量为 10MPa；采用场地料和外购骨料按一定配比改良后的地基溶陷系数远远小于 0.01，为非溶陷性，地基土的承载力特征值为 300kPa，变形模量为 20MPa。

从试验结果可知，不论是场地料直接改良，还是与一定骨料掺合进行改良，都达到了消除溶陷的目的，改良后的地基土可进行基础回填或可作为基底持力层，是一种良好的地基处理方法。该方法已在部分工程中进行了应用，其效果见表 7.3。

表 7.3　“地基土改良技术”工程应用案例

工况		哈密红星电厂	新疆神火电厂	国信准东电厂	新疆信友电厂	哈密大南湖电厂
原始场地	溶陷（溶陷系数）	0.047，Ⅰ级溶陷	0.022，Ⅰ级溶陷	0.004，非溶陷	0.0027，非溶陷	Ⅰ级溶陷
	盐胀	/	/	/	/	/
	地基承载力特征值/kPa	/	130	150	230	230
	变形模量/MPa	/	7	9	17	/
场地料改良	溶陷（溶陷系数）	0.0115	0.0075，非溶陷	0.006，非溶陷	0.003，非溶陷	0.0045，非溶陷
	盐胀	/	/	/	/	/
	地基承载力特征值/kPa	200	170	180	170	150
	变形模量/MPa	16	10	13	12	8.4
	盐胀	/	/	/	/	/
	地基承载力特征值/kPa	400	300	350	350	250
按 7：3 掺合比改良	溶陷（溶陷系数）	0.008，非溶陷	远小于 0.01，非溶陷	0.0014，非溶陷	0.0009，非溶陷	0.004，非溶陷
	变形模量/MPa	30	20	28	35	17

7.4　工 程 案 例

7.4.1　新疆神火动力站工程

1. 场地地基条件及地基处理要求

本项目场地地质条件及地基土工程性能见 4.6.2 节内容。

由 4.6.2 节内容可知，工程场地为Ⅰ级溶陷性场地，对于浅埋建（构）筑物（表 7.4），地基土不论是变形还是强度，均不能满足安全要求，因此，需要进行相应处理，才可进行建造。

表 7.4　不同建（构）筑物设计参数一览表（部分）

设计参数	炉后建筑	转运站	附属建筑
结构类型	钢、混凝土结构	钢筋混凝土结构	钢筋混凝土结构
建筑地基基础设计等级	乙级	乙级	乙或丙级
建筑抗震设防类别	丙	乙	丙
基础埋深/m	–4.0	–3.0	–2.5

续表

设计参数	炉后建筑	转运站	附属建筑
对差异沉降的敏感程度	较敏感	较敏感	较敏感
基础形状与尺寸/m	独立基础或条基	独立基础或条基	独立或条基
要求地基承载力/kPa	≥250	≥250	≥250
地基设计、处理方案与有关说明	天然地基或换填	天然地基或换填	天然地基或换填

2. 地基处理试验

依据“地基土改良技术”要求，先对地基处理方案进行试验验证。试验方案及试验结果如下。

1）试验方案

方案一：为降低工程投资，便于施工，换填料选用场地施工开挖的上部角砾层。由勘察资料可知，上部角砾层颗粒级配良好，颗粒级配曲线光滑，粗颗粒含量（大于 5mm 的颗粒含量）在 40%左右。但因角砾层含盐量高，遇水地基土承载性能不一定能满足要求。

方案二：以场地开挖角砾料和外购粗骨料（＞3cm）按 7∶3 混合，增加骨架颗粒含量，进行级配改良，然后确定其溶陷变形和承载性能。

换填材料确定后，对角砾料和混合料进行了 4 组相对密度试验，结果显示：角砾料最大干密度为 2.14g/cm^3，最小干密度为 1.53g/cm^3；混合料最大干密度为 2.24g/cm^3，最小干密度为 1.78g/cm^3。

2）试验指标控制

A. 试验工艺

试验施工采用的压实机械为徐州 XS222J-11 型振动压路机，工作质量 22 吨，振动行使速度 2km/小时（1 档），激振力（高振）为 374kN。施工工艺如下。

（1）根据确定的试验场地，现场定位并放出开挖线，基底标高以上 0.3m 厚的土层由人工开挖，基坑开挖至基底标高并验收合格后，立即进行垫层的施工。

（2）在试验基坑内分 6 层铺填，每层虚铺 400mm，含水量控制在 5%左右。

（3）每层虚铺后平碾 1 遍，而后振动（高振）碾压 6 遍，碾的摆幅宽度为 2/3 碾宽，即压茬 1/3 碾宽，机械行驶速度控制在 2km/小时以内。

（4）每层碾压完成后，测定该层的密度、易溶盐含量、含水率、颗粒级配等指标。测试数量为：密度、含水率每层均取 6 个点，易溶盐和颗粒级配每层各取 1 个点。检测合格后，再进行下一层的铺填碾压。

B. 易溶盐分布形态

对两种方案分两片试验区分层取样，进行易溶盐分析（图 7.5）。结果显示：

经过改良后，原始地层中的易溶盐成层性已明显破坏，而且从表层至深部易溶盐含量从高到低的规律已经消失。但总体显示，易溶盐含量均大于 0.3%，属盐渍土。

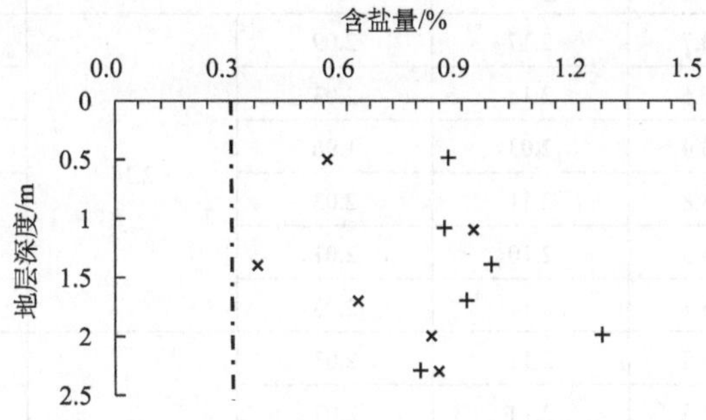

图 7.5　地基土改良后易溶盐含量随深度变化图

C. 压实指标控制

本书把试验方案一试验片区命名为 N_1，试验方案二试验片区命名为 N_2。试验共在 N_1 和 N_2 试坑中进行了 72 组密度、含水率试验。其中每个试坑 36 组，每层 6 个点。

试验结果显示（表 7.5、表 7.6）：方案一的压实系数为 0.91～1.01，平均压实系数为 0.96；方案二的压实系数为 0.93～1.03，平均压实系数约为 0.98。两种方案均满足压实系数不小于 0.95 的控制指标。

表 7.5　方案一（N_1）各碾压层试验结果

碾压层号	试点编号	含水率/%	密度/（g/cm³）	干密度/（g/cm³）	最大干密度/（g/cm³）	压实系数	平均压实系数
N_1d_1	N_1d_1-1	3.6	2.23	2.15	2.14	1.01	0.97
	N_1d_1-2	3.4	2.08	2.01		0.94	
	N_1d_1-3	3.7	2.18	2.10		0.98	
	N_1d_1-4	3.1	2.24	2.17		1.01	
	N_1d_1-5	3.4	2.07	2.00		0.93	
	N_1d_1-6	3.7	2.16	2.08		0.97	
N_1d_2	N_1d_2-1	3.3	2.09	2.02	2.14	0.94	0.95
	N_1d_2-2	3.7	2.15	2.07		0.97	
	N_1d_2-3	3.4	2.06	1.99		0.93	
	N_1d_2-4	3.8	2.11	2.03		0.95	
	N_1d_2-5	4.1	2.19	2.10		0.98	
	N_1d_2-6	4.2	2.12	2.03		0.95	

续表

碾压层号	试点编号	含水率/%	密度/（g/cm^3）	干密度/（g/cm^3）	最大干密度/（g/cm^3）	压实系数	平均压实系数
N_1d_3	N_1d_3-1	3.7	2.17	2.09	2.14	0.98	0.95
	N_1d_3-2	5.6	2.15	2.03		0.95	
	N_1d_3-3	3.4	2.03	1.96		0.92	
	N_1d_3-4	3.8	2.11	2.03		0.95	
	N_1d_3-5	4.3	2.10	2.01		0.94	
	N_1d_3-6	5.1	2.14	2.03		0.95	
N_1d_4	N_1d_4-1	3.8	2.11	2.03	2.14	0.95	0.94
	N_1d_4-2	3.3	2.14	2.07		0.97	
	N_1d_4-3	3.9	2.05	1.97		0.92	
	N_1d_4-4	5.4	2.05	1.94		0.91	
	N_1d_4-5	3.8	2.08	2.00		0.93	
	N_1d_4-6	4.2	2.15	2.06		0.96	
N_1d_5	N_1d_5-1	3.8	2.10	2.00	2.14	0.93	0.96
	N_1d_5-2	3.2	2.17	2.10		0.98	
	N_1d_5-3	3.6	2.23	2.15		1.01	
	N_1d_5-4	3.8	2.11	2.03		0.95	
	N_1d_5-5	3.9	2.03	1.95		0.91	
	N_1d_5-6	4.1	2.19	2.10		0.98	
N_1d_6	N_1d_6-1	3.8	2.10	2.02	2.14	0.93	0.96
	N_1d_6-2	3.7	2.19	2.11		0.99	
	N_1d_6-3	4.2	2.13	2.04		0.95	
	N_1d_6-4	4.7	2.11	2.01		0.94	
	N_1d_6-5	5.0	2.19	2.08		0.97	
	N_1d_6-6	5.1	2.15	2.04		0.95	

表 7.6 方案二（N_2）各碾压层试验结果

碾压层号	试点编号	含水率/%	密度/（g/cm^3）	干密度/（g/cm^3）	最大干密度/（g/cm^3）	压实系数	平均压实系数
N_2d_1	N_2d_1-1	3.5	2.27	2.19	2.24	0.98	0.99
	N_2d_1-2	3.9	2.32	2.23		1.0	
	N_2d_1-3	3.6	2.21	2.13		0.95	
	N_2d_1-4	3.8	2.35	2.26		1.01	
	N_2d_1-5	3.9	2.30	2.21		0.99	
	N_2d_1-6	4.7	2.32	2.21		0.99	

续表

碾压层号	试点编号	含水率/%	密度/（g/cm³）	干密度/（g/cm³）	最大干密度/（g/cm³）	压实系数	平均压实系数
N_2d_2	N_2d_2-1	3.8	2.38	2.29	2.24	1.02	0.98
	N_2d_2-2	4.5	2.23	2.14		0.96	
	N_2d_2-3	3.5	2.26	2.18		0.97	
	N_2d_2-4	3.9	2.33	2.24		1.00	
	N_2d_2-5	4.0	2.27	2.18		0.97	
	N_2d_2-6	4.0	2.20	2.11		0.94	
N_2d_3	N_2d_3-1	3.4	2.34	2.26	2.24	1.01	0.99
	N_2d_3-2	3.5	2.29	2.21		0.99	
	N_2d_3-3	4.0	2.25	2.16		0.96	
	N_2d_3-4	4.8	2.30	2.19		0.98	
	N_2d_3-5	4.4	2.28	2.18		0.97	
	N_2d_3-6	3.8	2.35	2.26		1.01	
N_2d_4	N_2d_4-1	4.1	2.21	2.12	2.24	0.95	0.97
	N_2d_4-2	3.6	2.25	2.17		0.97	
	N_2d_4-3	4.0	2.24	2.15		0.96	
	N_2d_4-4	4.0	2.27	2.18		0.97	
	N_2d_4-5	4.8	2.31	2.20		0.98	
	N_2d_4-6	4.9	2.26	2.15		0.96	
N_2d_5	N_2d_5-1	3.9	2.32	2.23	2.24	0.99	0.99
	N_2d_5-2	3.5	2.27	2.19		0.98	
	N_2d_5-3	3.9	2.31	2.22		0.99	
	N_2d_5-4	4.0	2.23	2.14		0.96	
	N_2d_5-5	3.4	2.34	2.26		1.01	
	N_2d_5-6	3.9	2.32	2.23		0.99	
N_2d_6	N_2d_6-1	4.2	2.36	2.26	2.24	1.01	0.98
	N_2d_6-2	4.0	2.27	2.18		0.97	
	N_2d_6-3	4.5	2.42	2.31		1.03	
	N_2d_6-4	3.7	2.17	2.09		0.93	
	N_2d_6-5	3.6	2.24	2.16		0.96	
	N_2d_6-6	4.7	2.36	2.25		1.00	

3）试验结果

对试验方案一、试验方案二均进行浸水载荷试验，方案一的溶陷系数为 0.007 5，方案二的溶陷系数更小。改良后，两种方案均消除了盐渍土地基的溶陷性。

两种试验方案浸水工况下，地基的强度性能见表 7.7 至表 7.10。

表 7.7　方案一（N_1）改良后浸水后载荷试验成果（按 s/b=0.01）

指标	N_1-1	N_1-3	平均值
承载力特征值 f_{ak}/kPa	133	150	141.5
沉降量/mm	8	8	8
变形模量 E_0/MPa	9.7	10.9	10.3

注：（1）承压板直径：d=798mm；

（2）泊松比：μ=0.27；

（3）变形模量：$E_0=I_0(1-\mu^2)pd/s$；式中，I_0为刚形承压板的形状系数，圆形板取 0.785；p 为 p-s 曲线线性段的压力（kPa）；s 为与 p 对应的沉降（mm）；d 为承压板直径（m）。

表 7.8　方案一（N_1）改良后浸水后载荷试验成果（按 s/b=0.015）

指标	N_1-1	N_1-3	平均值
承载力特征值 f_{ak}/kPa	190	213	201.5
沉降量/mm	12	12	12
变形模量 E_0/MPa	9.2	10.3	9.8

注：（1）承压板直径：d=798mm；

（2）泊松比：μ=0.27；

（3）变形模量：$E_0=I_0(1-\mu^2)pd/s$；式中，I_0为刚形承压板的形状系数，圆形板取 0.785；p 为 p-s 曲线线性段的压力（kPa）；s 为与 p 对应的沉降（mm）；d 为承压板直径（m）。

表 7.9　方案二（N_2）改良后浸水后载荷试验成果（按 s/b=0.01）

指标	N_2-1	N_2-2	N_2-3	平均值
承载力特征值 f_{ak}/kPa	278	275	315	289.3
沉降量/mm	8	8	8	8
变形模量 E_0/MPa	20.2	19.96	22.9	21.0

注：（1）承压板直径：d=798mm；

（2）泊松比：μ=0.27；

（3）变形模量：$E_0=I_0(1-\mu^2)pd/s$；式中，I_0为刚形承压板的形状系数，圆形板取 0.785；p 为 p-s 曲线线性段的压力（kPa）；s 为与 p 对应的沉降（mm）；d 为承压板直径（m）。

表 7.10　方案二（N_2）改良后浸水后载荷试验成果（按 s/b=0.015）

指标	N_2-1	N_2-2	N_2-3	平均值
承载力特征值 f_{ak}/kPa	400	395	400	398.3
沉降量/mm	12	12	12	12
变形模量 E_0/MPa	19.4	19.1	19.4	19.3

注：（1）承压板直径：d=798mm；

（2）泊松比：μ=0.27；

（3）变形模量：$E_0=I_0(1-\mu^2)pd/s$ ；式中，I_0为刚形承压板的形状系数，圆形板取 0.785；p 为 p-s 曲线线性段的压力（kPa）；s 为与 p 对应的沉降（mm）；d 为承压板直径（m）。

结合地基土的含盐特征、骨架颗粒含量等因素，最终确定：方案一改良后地基土的承载力特征值为 170kPa，变形模量为 10MPa；方案二改良后地基土的承载力特征值为 300kPa，变形模量为 20MPa。最后建议：按方案二改良后的地基土适用于厂区各类建（构）筑物地基处理，按方案一改良后的地基土可作为附属建筑物地基处理或基坑回填。

3. 工程应用及效果

该工程设计整平标高为 567.6m，锅炉房基础埋深为 6.0m、汽机房基础埋深为 5.0～6.0m、间冷塔基础埋深为 4.5m，其他附属建（构）筑物基础埋深为 2.5～4.5m。根据主厂房地段代表性地层剖面（图 7.6）可知，建筑物基底以基岩和角砾为主，基岩是良好的持力层，埋深较浅的②$_1$层角砾具有溶陷性，不能作为建（构）筑物的持力层，②层角砾承载力较低，不能满足主厂房、间冷塔等荷重较大建（构）筑物对承载力的要求，需要进行地基处理。

在地基设计时，采用如下方案：主厂房、间冷塔、烟囱等采用天然地基或局部混合料换填地基方案，最大换填厚度不超过 5m；其他附属建（构）筑物采用天然地基、混合料换填或场地料换填的方案。

本工程对建（构）筑物进行施工期的变形监测，3 号锅炉房监测结果（图 7.7）显示：12 个监测点中，最大累计沉降量为 7.2mm，最小累计沉降量为 5.6mm。最后一期沉降基本平稳，平均沉降速率为 0.29mm/100 天。从变形资料分析，3 号锅炉房沉降趋于稳定，说明充分挖掘场地料改良后的地基处理方案是可行的。

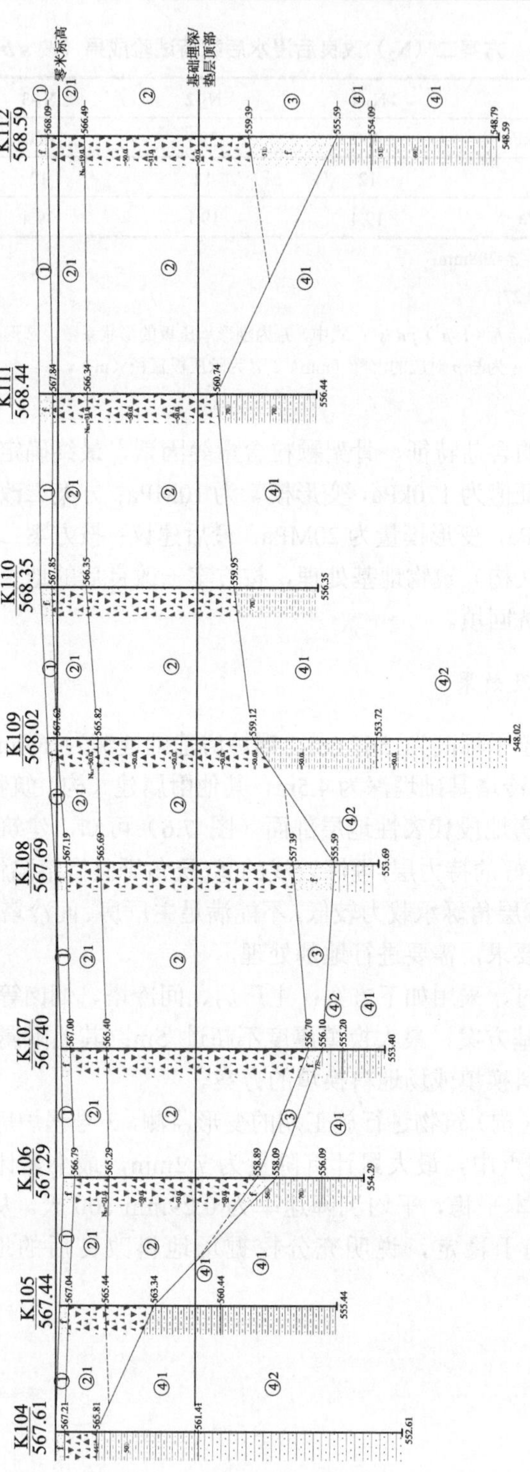

图7.6 主厂房地段代表性地层剖面

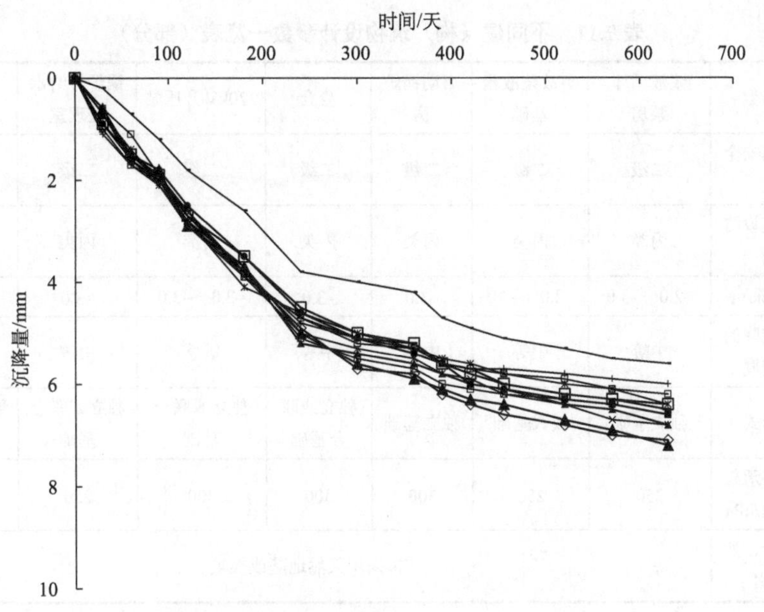

图 7.7　3 号锅炉房施工期沉降变形曲线

7.4.2　新疆国信准东 2×660MW 煤电项目

1. 场地地基条件及地基处理要求

1）场地岩土工程条件

新疆国信准东 2×660MW 煤电项目工程建设场地地处将军庙戈壁，厂区地貌单元较为单一，属山前冲洪积平原区，区内植被稀少，地表呈荒地景观。区内主要分布有角砾和基岩两套地层，场地地层情况见表 4.45。

地基土中易溶盐含量为 0.10%～1.45%，是典型的粗颗粒盐渍土。地基土结构松散，大于 2mm 样颗粒含量占 60%左右，渗透系数大于 10^{-5}cm/s，地层中无易溶盐富集层。因此，结合现场浸水载荷试验及溶陷性宏观判定方法，可确定场地地基土为非溶陷性地基土。但遇水后，地基土承载性能明显很低（承载力特征值为 150kPa），无法直接作为持力层。

2）地基条件及地基处理处理要求

根据场地地基土展布情况、基础埋深、基础变形敏感性要求（表 7.11）等，天然地基无法完全满足建（构）筑物承载和变形的要求，一些地段需要换填处理，场地开挖料能否直接利用，或者如何利用，需要利用“地基土改良技术”方法进行评价。

表 7.11　不同建（构）筑物设计参数一览表（部分）

设计参数	浆液循环泵房	事故浆液箱基础	启动锅炉房	渣仓	220kV 升压站	锅炉补给水处理室	化验楼等
建筑地基安全等级	二级	二级	二级	二级	二级	二级	二级
建筑抗震设防类别	丙类	丙类	丙类	丙类	丙类	丙类	丙类
基础埋深/m	–2.0～–3.0	–2.0～–3.0	–3.0	–3.0	–2.0～–3.0	–3.0	–2.0～–5.0
对差异沉降的敏感程度	中等	中等	中等	中等	敏感	中等	中等
基础形式	独立基础	板式基础	独立基础	独立或联合基础	独立或联合基础	独立或联合基础	独立或联合基础
要求地基承载力特征值/kPa	250	250	300	300	300	250	250
地基设计、处理方案	拟采用天然地基或换填						

2. 地基处理试验

1）试验方案

本项目试验方案同 7.4.1 节内容，也是进行场地开挖料的直接改良（方案一）和场地开挖料与外购骨料按 7∶3 混合后的改良（方案二）两种试验。

2）试验指标控制

A. 试验工艺

试验施工采用的压实机械为徐工集团工程机械股份有限公司生产的 XS202J-II 型振动压路机，工作质量 20 吨，振动行使速度 2km/小时（1 档），激振力（高振）为 353kN，频率为 28Hz。施工工艺及流程同 7.4.1 节内容。

B. 易溶盐分布形态

对两种方案分两片试验区分层取样，进行易溶盐分析（图 7.8）。结果显示：经过改良后，地基土从表层至深部易溶盐含量从高到低的规律已经消失；但总体显示，易溶盐含量均大于 0.3%，属盐渍土。

C. 压实指标控制

试验方案一试验片区命名为 N_1，试验方案二试验片区命名为 N_2。试验共在 N_1 和 N_2 试坑中进行了 72 组密度、含水率试验。其中每个试坑 36 组，每层 6 个点。

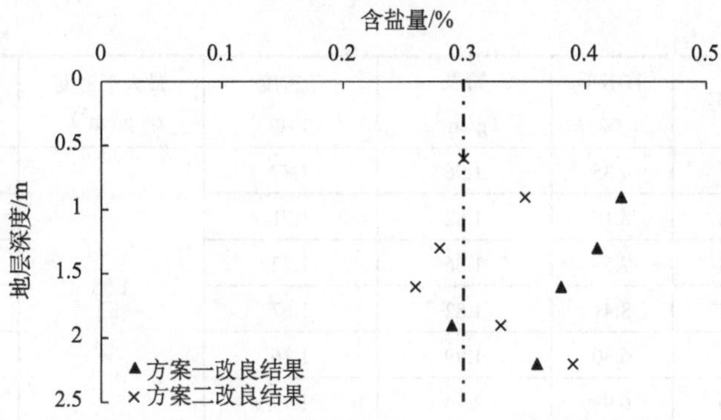

图 7.8　地基土改良后易溶盐含量随深度变化图

试验结果显示（表 7.12、表 7.13）：方案一的压实系数为 0.92～1.08，平均压实系数为 0.97；方案二的压实系数为 0.96～0.99，平均压实系数约为 0.98。两种方案均满足压实系数不小于 0.95 的控制指标。

表 7.12　方案一（N_1）各碾压层试验结果

碾压层号	试点编号	含水率/%	密度/（g/cm³）	干密度/（g/cm³）	最大干密度/（g/cm³）	压实系数	平均压实系数
N_1d_1	N_1d_1-1	6.08	2.06	1.93	1.95	0.99	1.0
	N_1d_1-2	5.55	2.09	1.97		1.01	
	N_1d_1-3	6.02	2.23	2.10		1.08	
	N_1d_1-4	7.67	2.15	1.99		1.02	
	N_1d_1-5	5.13	2.10	1.99		1.02	
	N_1d_1-6	6.39	2.03	1.90		0.97	
N_1d_2	N_1d_2-1	4.39	2.17	2.07	1.95	1.06	0.99
	N_1d_2-2	5.79	2.07	1.95		1.00	
	N_1d_2-3	8.07	2.01	1.85		0.95	
	N_1d_2-4	6.61	2.04	1.90		0.97	
	N_1d_2-5	4.52	1.85	1.76		0.90	
	N_1d_2-6	4.81	2.12	2.02		1.04	
N_1d_3	N_1d_3-1	4.06	1.97	1.89	1.95	0.97	0.95
	N_1d_3-2	4.34	1.99	1.90		0.97	
	N_1d_3-3	3.85	1.95	1.88		0.96	
	N_1d_3-4	4.77	1.81	1.72		0.88	
	N_1d_3-5	4.08	1.82	1.75		0.90	
	N_1d_3-6	5.04	2.04	1.93		0.99	

续表

碾压层号	试点编号	含水率/%	密度/（g/cm³）	干密度/（g/cm³）	最大干密度/（g/cm³）	压实系数	平均压实系数
N_1d_4	N_1d_4-1	4.35	1.96	1.87	1.95	0.96	0.92
	N_1d_4-2	6.15	1.82	1.71		0.88	
	N_1d_4-3	7.59	1.86	1.72		0.88	
	N_1d_4-4	8.41	1.82	1.67		0.86	
	N_1d_4-5	6.30	1.99	1.86		0.95	
	N_1d_4-6	6.99	2.14	1.99		1.02	
N_1d_5	N_1d_5-1	5.40	1.91	1.80	1.95	0.92	0.96
	N_1d_5-2	6.11	2.01	1.88		0.96	
	N_1d_5-3	4.17	2.01	1.92		0.98	
	N_1d_5-4	8.90	1.92	1.75		0.90	
	N_1d_5-5	7.69	2.21	2.04		1.05	
	N_1d_5-6	6.57	2.00	1.87		0.96	
N_1d_6	N_1d_6-1	7.13	2.12	1.97	1.95	1.01	0.98
	N_1d_6-2	2.84	2.01	1.96		1.01	
	N_1d_6-3	6.93	1.92	1.79		0.92	
	N_1d_6-4	3.08	1.95	1.89		0.97	
	N_1d_6-5	6.69	2.13	1.99		1.02	
	N_1d_6-6	7.96	2.07	1.90		0.97	

表 7.13　方案二（N_2）各碾压层试验结果

碾压层号	试点编号	含水率/%	密度/（g/cm³）	干密度/（g/cm³）	最大干密度/（g/cm³）	压实系数	平均压实系数
N_2d_1	N_2d_1-1	4.48	2.11	2.02	2.11	0.96	0.99
	N_2d_1-2	3.93	1.84	1.77		0.84	
	N_2d_1-3	3.09	2.32	2.25		1.07	
	N_2d_1-4	4.74	2.32	2.21		1.05	
	N_2d_1-5	4.09	2.21	2.12		1.00	
	N_2d_1-6	4.25	2.25	2.15		1.02	
N_2d_2	N_2d_2-1	4.51	2.06	1.97	2.11	0.93	0.96
	N_2d_2-2	5.29	2.21	2.09		0.99	
	N_2d_2-3	6.00	2.11	1.98		0.94	
	N_2d_2-4	5.08	2.17	2.06		0.98	
	N_2d_2-5	5.31	2.23	2.11		1.00	
	N_2d_2-6	3.99	2.00	1.92		0.91	

续表

碾压层号	试点编号	含水率/%	密度/（g/cm³）	干密度/（g/cm³）	最大干密度/（g/cm³）	压实系数	平均压实系数
N_2d_3	N_2d_3-1	4.07	2.36	2.26	2.11	1.07	0.97
	N_2d_3-2	4.17	2.06	1.97		0.93	
	N_2d_3-3	3.91	1.98	1.90		0.90	
	N_2d_3-4	5.35	1.95	1.85		0.88	
	N_2d_3-5	4.74	2.20	2.09		0.99	
	N_2d_3-6	3.61	2.30	2.21		1.05	
N_2d_4	N_2d_4-1	3.41	2.17	2.09	2.11	0.99	0.98
	N_2d_4-2	3.13	2.11	2.04		0.97	
	N_2d_4-3	5.47	2.19	2.07		0.98	
	N_2d_4-4	3.01	2.05	1.98		0.94	
	N_2d_4-5	4.10	2.06	1.97		0.93	
	N_2d_4-6	4.30	2.33	2.23		1.06	
N_2d_5	N_2d_5-1	4.73	2.11	2.01	2.11	0.95	0.98
	N_2d_5-2	3.57	2.21	2.13		1.01	
	N_2d_5-3	5.26	2.17	2.06		0.98	
	N_2d_5-4	3.64	2.15	2.07		0.98	
	N_2d_5-5	4.11	2.01	1.92		0.91	
	N_2d_5-6	4.94	2.29	2.18		1.03	
N_2d_6	N_2d_6-1	3.80	2.18	2.09	2.11	0.99	0.98
	N_2d_6-2	3.46	2.03	1.96		0.93	
	N_2d_6-3	4.25	2.12	2.03		0.96	
	N_2d_6-4	4.13	2.15	2.06		0.98	
	N_2d_6-5	4.61	2.12	2.02		0.96	
	N_2d_6-6	3.06	2.29	2.22		1.05	

3）试验结果

对两种方案进行浸水载荷试验，方案一的溶陷系数为 0.006，方案二的溶陷系数为 0.0014。改良后的地基土均无溶陷性，且地基承载性能均有了提高（表 7.14、表 7.15），改良后按 s/b=0.01 的计算方式，确定的地基强度承载性能参数为：方案一饱和状态下承载力特征值为 180kPa，变形模量值为 13MPa；方案二饱和状态下承载力特征值为 350kPa，变形模量值为 28MPa。

从两种试验结果可知，方案一改良后没有溶陷性，但承载力较低，变形较大，不建议用于重要建筑物或变形敏感的轻型建筑物地基处理，但可作为道路或建筑物周围回填料使用；方案二改良后，变形较小，且强度大、承载力高，可用于荷载较大建（构）筑物地基的换填处理。

表 7.14　方案一（N_1）改良浸水后载荷试验成果（按 s/b=0.01）

指标	N_1-2	N_1-3
承载力特征值 f_{ak}/kPa	177	316
沉降量/mm	7.98	7.98
变形模量 E_0/MPa	12.9	23.0

注：（1）承压板直径：d=798mm；

（2）泊松比：μ=0.27；

（3）变形模量：$E_0=I_0(1-\mu^2)pd/s$；式中，I_0 为刚形承压板的形状系数，圆形板取 0.785；p 为 p-s 曲线线性段的压力（kPa）；s 为与 p 对应的沉降（mm）；d 为承压板直径（m）。

表 7.15　方案二（N_2）改良浸水后载荷试验成果（按 s/b=0.01）

指标	N_2-2	N_2-3
承载力特征值 f_{ak}/kPa	390	500
沉降量/mm	7.98	7.98
变形模量 E_0/MPa	28.4	36.4

注：（1）承压板直径：d=798mm；

（2）泊松比：μ=0.27；

（3）变形模量：$E_0=I_0(1-\mu^2)pd/s$；式中，I_0 为刚形承压板的形状系数，圆形板取 0.785；p 为 p-s 曲线线性段的压力（kPa）；s 为与 p 对应的沉降（mm）；d 为承压板直径（m）。

3. 工程应用及效果

该工程设计整平标高为 719.9m，锅炉房、汽机房基础埋深为 5.0～7.0m，附属建（构）筑物中材料库、辅机冷却水泵房等基础埋深为 2.5～3.5m。根据建（构）筑物基础埋深、地层分布等可知，锅炉房、汽机房、烟囱等建（构）筑物基础埋深大，基底地层主要为基岩，可采用天然地基，材料库等附属建（构）筑物基础埋深较浅，基底存局部存在①$_1$ 层角砾（图 7.9），难以满足变形要求，需要进行地基处理。主厂房、锅炉房区基坑由–6.0～–7.0m 通过方案二改良地基回填至–2.5～–3.0m，改良的地基作为辅机基础的地基。

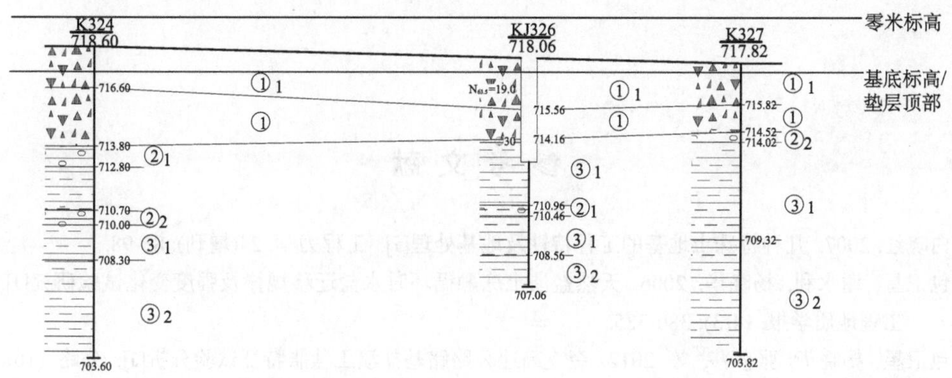

图 7.9　附属建（构）筑物地段代表性地层剖面

本工程投运以来，主厂房、锅炉房内辅机运行正常，辅机基础改良地基未发生沉降变形问题。选择基础埋深浅，采用混合料换填地基的建（构）筑物的变形曲线如图 7.10 所示。从变形资料分析，虽然变形速率还未完全收敛，但变形量很小，满足变形稳定要求。

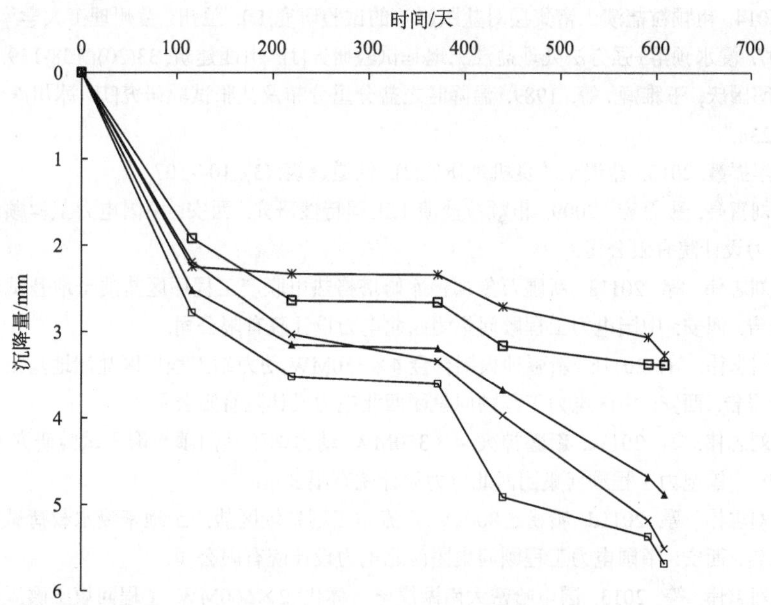

图 7.10　锅炉补给水处理室施工期沉降变形曲线

参考文献

白晓红. 2007. 几种特殊土地基的工程特性及地基处理[J]. 工程力学, 24(增刊): 83-98.

包卫星, 谢永利, 杨晓华. 2006. 天然盐渍土冻融循环时水盐迁移规律及强度变化试验研究[J]. 工程地质学报, 14(3): 380-385.

包卫星, 杨晓华, 张莎莎, 等. 2012. 奎克高速公路路基盐渍土盐胀特征试验分析[J]. 公路, (10): 155-157.

包卫星, 张莎莎, 蔡明娟. 2020. 内陆盐渍土工程机理与路用性能[M]. 北京: 科学出版社.

邴慧, 何平. 2011. 不同冻结方式下盐渍土水盐重分布规律的试验研究[J]. 岩土力学, 32(8): 2307-2312.

蔡晓宇. 2015. 硫酸盐渍土路基盐冻胀变形理论修正及应用[D]. 北京: 北京交通大学.

曹福贵. 2009. 硫酸盐渍土地区路基水、热、盐、力四场耦合效应的室内和现场试验分析及现场试验路数值模拟研究[D]. 西安: 长安大学.

陈高锋. 2014. 粗颗粒盐渍土富集层对盐胀影响的试验研究[D]. 兰州: 兰州理工大学.

陈鹏. 2007. 浸水预溶+强夯法处理盐渍土地基试验研究[J]. 山西建筑, 33(30): 138-139.

陈肖柏, 邱国庆, 王雅卿, 等. 1989. 温降时之盐分重分布及盐胀试验研究[J]. 冰川冻土, 11(3): 231-238.

陈渊召, 李振霞. 2013. 盐渍土改良机理研究[J]. 铁道建筑, (3): 104-107.

程东幸, 刘富亭, 张希宏. 2009. 粗颗粒盐渍土工程特性研究. 西安: 中国电力工程顾问集团西北电力设计院有限公司.

程东幸, 刘志伟, 等. 2011a. 新疆万象鄯善库姆塔格热电联产工程厂区盐渍土地基试验研究专题报告. 西安: 中国电力工程顾问集团西北电力设计院有限公司.

程东幸, 刘志伟, 等. 2011b. 新疆神火铝合金 4×350MW 动力站工程厂区盐渍地基土试验研究专题报告. 西安: 中国电力工程顾问集团西北电力设计院有限公司.

程东幸, 刘志伟, 等. 2011c. 新疆神火 4×350MW 动力站工程回填土碾压试验研究专题报告. 西安: 中国电力工程顾问集团西北电力设计院有限公司.

程东幸, 刘志伟, 等. 2011d. 哈密±800kV 换流站工程站址区盐渍土地基浸水载荷试验研究专题报告. 西安: 中国电力工程顾问集团西北电力设计院有限公司.

程东幸, 刘志伟, 等. 2013. 国电哈密大南湖煤电一体化 2×660MW 工程回填土碾压浸水载荷试验研究专题报告. 西安: 中国电力工程顾问集团西北电力设计院有限公司.

程东幸, 刘志伟, 等. 2013. 神华国能新疆准东发电厂一期 2×660MW 工程厂区地基土浸水载荷试验报告. 西安: 中国电力工程顾问集团西北电力设计院有限公司.

程东幸, 刘志伟, 柯学. 2013. 粗颗粒盐渍土溶陷性影响因素研究[J]. 工程地质学报, 21(1): 109-114.

程东幸, 刘志伟, 张希宏. 2010. 粗颗粒盐渍土溶陷特性试验研究[J]. 工程勘察, 38(12): 27-31.

丁兆民, 张莎莎, 杨晓华. 2008. 粗颗粒盐渍土路用填料可用性指标研究[J]. 冰川冻土, 30(4): 623-631.

范崇宾, 等. 2005. 蒙西电厂岩土工程报告. 西安: 中国电力工程顾问集团西北电力设计院有限公司.

费雪良, 李斌. 1997. 开放系统条件下硫酸盐盐渍土盐胀特性的试验研究[J]. 公路, (4): 7-12, 35.

冯瑞玲, 蔡晓宇, 吴立坚, 等. 2017. 硫酸盐渍土水-盐-热-力四场耦合理论模型[J]. 中国公路学报, 30(02): 1-10, 40.

冯忠居, 赵明华. 2008. 特殊地区基础工程[M]. 北京: 人民交通出版社.

高建伟, 胡昕, 等. 2016. 甘肃电投常乐电厂 4×1000MW 工程初步设计阶段岩土工程勘察报告. 西安: 中国电力工程顾问集团西北电力设计院有限公司.

高江平, 杨荣尚. 1997. 含氯化钠硫酸盐渍土在单向降温时水分和盐分迁移规律的研究[J]. 西安公路交通大学学报, (3): 22-25.

高树森, 师永坤. 1996. 碎石类土盐渍化评价初探[J]. 岩土工程学报, 18(3): 96-99.

高树森, 师永坤.1997. 对“碎石类土盐渍化评价初探”讨论的答复[J]. 岩土工程学报, 19(5): 107-109.

高学军. 2015. 西北地区盐渍土溶陷特性研究与分析[J]. 工业建筑, 45(S): 924-927.

高琰. 2019. 高含盐饱和细砂区路涵及其过渡段沉降变形数值模拟分析[J]. 洛阳理工学院学报(自然科学版), 29(1): 12-16.

郭菊彬, 张昆, 王鹰, 等. 2006. 盐渍土抗剪强度与含水量、含盐量及干密度关系探讨[J]. 工程勘察, (1): 12-14.

郭新红. 2006. 硫酸盐渍土低温压缩特性研究[D]. 西安: 长安大学.

韩志强, 包卫星. 2011. 路基盐渍土多次冻融循环盐胀特征及微观结构机制分析[J]. 道路工程, (14): 96-99.

何淑军. 2006. 克拉玛依机场溶陷性地基处理试验研究[D]. 北京: 中国地质大学(北京).

胡海东. 2017. 盐渍土地区浸水载荷现场试验及数值模拟研究[D]. 兰州: 兰州交通大学.

虎晓奕, 王晓磊, 王志平. 2006. 强夯置换在高速公路盐渍化软弱土地基处治中的应用[J]. 西部交通科技, (3): 68-70.

华遵孟, 沈秋武, 张森安, 等. 2003. 粗颗粒硫酸盐渍土盐胀变形研究[J]. 工程勘察技术, 184-188.

华遵孟, 沈秋武. 2001. 西北内陆盆地粗颗粒盐渍土研究[J]. 工程勘察, (1): 28-31.

黄晓波, 杨志夏, 周立新, 等. 2005. 盐渍土地基处理的浸水试验研究[J]. 公路交通科技, 22(9): 103-106.

黄晓波, 周立新, 何淑军, 等. 2006. 浸水预溶强夯法处理盐渍土地基试验研究[J]. 岩土力学, 27(11): 2080-2084.

黄兴法, 曾德超. 1993. 冻结期土壤水盐热运动规律的数值模拟[J]. 北京农业工程大学学报, 13(03): 43-50.

金睿, 毛军南, 张希宏, 等. 2008. 750kV 安西变电站可行性研究阶段岩土工程勘察报告. 西安:

中国电力工程顾问集团西北电力设计院有限公司.

金睿, 毛军南, 张希宏, 等. 2008. 酒泉 750kV 变电站施工图勘察报告. 西安: 中国电力工程顾问集团西北电力设计院有限公司.

李春友, 任理, 李保国. 2000. 秸秆覆盖条件下土壤水热盐耦合运动规律模拟研究进展[J]. 水科学进展, (3): 325-332.

李洪飞, 陈静曦, 官娅莉. 2008. 新疆盐渍土公路路基病害处理措施[J]. 交通科技与经济, (1): 18-20.

李敬业. 1988. 用预浸水法处理盐渍土地基试验研究[J]. 岩土工程学报, 10(4): 87-94.

李宁远, 李斌, 吴家惠. 1989. 硫酸盐渍土及膨胀特性研究[J]. 西安公路学院学报, (3): 81-90.

李绍萃, 王利生. 2016. 含盐废水排放致沿线土地盐渍化的数值模拟研究进展[A]. 见: 能源, 环境与可持续发展大会论文集[C]. 6.

李耀杰, 亓振中, 杨志刚, 等. 2016. 粗颗粒盐渍土溶陷性室内外试验研究[J], 工程勘察, (10): 22-27.

李永红, 陈涛, 张少宏, 等. 2002. 无粘性盐渍土的溶陷性研究[A]. 见: 中国岩石力学与工程学会. 岩石力学新进展与西部开发中的岩土工程问题——中国岩石力学与工程学会第七次学术大会论文集[C], 3.

李在卿, 王程远. 1995. 碎石桩加固青海盐渍土地基[J]. 化工施工技术, (3): 2-6.

李自祥. 2012. 盐渍土中盐分迁移规律研究[D]. 合肥: 合肥工业大学.

李作恒. 2007. 石灰改良盐渍土路基工程特性试验研究[J]. 石家庄铁道学院学报, 20(2) : 45- 48.

廖云. 2012. 季节冻土区路基水热盐运移规律的研究[D]. 石河子: 石河子大学.

刘军勇, 张留俊. 2014. 察尔汗盐湖地区盐渍土微观结构及其力学与强度表现[J]. 盐湖研究, 22(2): 60-67.

刘军柱, 李志农, 刘海洋, 等. 2008. 新疆公路盐渍土路基盐胀力的数值模拟分析[J]. 公路交通技术, (01): 1-4.

刘敏. 2006. 强夯处理盐渍化软基的试验研究[D]. 西安: 长安大学.

刘润有, 王晓华, 彭波. 2010. 滨海新区氯盐渍土填筑路基时的加固处理方法[J]. 城市道桥与防洪, (12): 36-40.

刘亚峰, 杨鹏, 米海珍, 等. 2015. 粗颗粒硫酸盐渍土溶—滤(陷)—变形稳定时长的影响因素分析[J]. 甘肃科学学报, 27(4): 64-68.

刘亚峰, 杨鹏, 米海珍, 等. 2016. 粗颗粒硫酸盐渍土溶陷变形影响因素的显著性分析[J]. 甘肃科学学报, 28(1): 105-109.

刘永球. 2002. 盐渍土地基及处理方法研究[D]. 长沙: 中南大学.

刘志伟, 程东幸, 张希宏. 2012. 粗颗粒盐渍土回填碾压试验研究[J]. 工程勘察, 40(6): 18-21.

刘志伟, 杨生彬, 程东幸, 等. 2020. 砂砾石垫层地基研究与工程应用[M]. 北京: 中国建筑工业出版社.

鲁先龙, 童瑞铭, 李永祥, 等. 2011. 输电线路戈壁滩地基抗剪强度参数取值的试验研究[J]. 电力建设, 32(11): 11-15.

罗炳芳, 李志农. 2010. 新疆干线公路盐胀病害防治的研究[J]. 新疆交通科学研究院科技成果汇编.
罗炳芳, 潘菊英. 2005. 粗粒土易溶盐含盐量测定方法的研究[J]. 公路, (11): 192-193.
吕文学, 顾晓鲁. 1994. 硫酸盐渍土的工程性质[A]. 见: 中国土木工程学会. 中国土木工程学会第七届土力学及基础工程学术会议论文集[C], 3.
牛玺荣. 2006. 硫酸盐渍土地区路基水、热、盐、力四场耦合机理及数值模拟研究[D]. 西安: 长安大学.
潘德强, 杨松泉, 洪定海, 等. 2001. 海港工程混凝土结构防腐蚀技术规范[M]. 北京: 人民交通出版社.
庞明, 李志农, 高江平. 2007. 硫酸盐渍土路基盐胀等级的模糊评判[J]. 路基工程, (3): 79-81.
蒲昌瑜, 马玉静. 2007. 电石灰改良盐渍土的研究[J]. 山西建筑, 33(2): 99-101.
秦明亮. 2016. 准东地区粗颗粒盐渍土室内盐胀试验分析[J]. 山西建筑, 42(30): 86-87.
邱国庆, E. 张伯伦, I. 伊斯坎达. 1986 . 莫玲粘土冻结过程中的离子迁移、水分迁移和冻胀[J] 冰川冻土, (1): 1-13.
宋启卓. 2005. 盐渍土盐胀特性研究及工程病害处理方法分析[D]. 上海: 上海交通大学.
孙菽芬, 姚德良, 冀伟. 1989. 在蒸发条件下土壤水盐运动的数值模拟[J]. 力学学报, (6): 688-696.
唐好鑫. 2012. 新疆硫酸盐渍土地区路基温度和水盐运移规律的研究[D]. 北京: 北京交通大学.
唐自环, 刘志伟, 等. 2014. 疆神火 4×350 MW 动力站工程初步设计阶段岩土工程勘察报告. 西安: 中国电力工程顾问集团西北电力设计院有限公司.
田汉儒, 亓振中, 秦明亮, 等. 2016. 粗颗粒盐渍土化学改良试验研究[J]. 勘察科学技术, (6): 5-7.
铁道部第一勘测设计院. 1992. 铁路工程设计技术手册 路基(修订版)[M]. 北京: 中国铁道出版社.
童武, 麻海燕, 高伟斌, 等. 2013. 盐渍土地区输电线路工程基础防腐设计规定. 北京: 国家电网公司.
汪传金, 陈情来, 杜少华, 等. 2012. 盐渍土地区建筑规范(SY/T 0317—2012). 北京: 石油工业出版社.
王国尚, 刘志义, 杨鹏. 2015. 粗颗粒硫酸盐渍土盐胀界限深度的试验探讨[J]. 甘肃科学学报, 27(5): 90-94.
王静, 魏艳蕾, 宋泽凡. 2010. 松嫩平原盐渍土无侧限抗压强度研究[J]. 地下空间与工程学报, 6(6): 1146-1151.
王水献, 董新光, 吴彬, 等. 2012. 干旱盐渍土区土壤水盐运动数值模拟及调控模式[J]. 农业工程学报, 13: 142-148.
王文华. 2011. 吉林省西部地区盐渍土水分迁移及冻胀特性研究[D]. 长春: 吉林大学.
王学明, 康玥, 许健, 等. 2017. 粗颗粒盐渍土地区掏挖基础抗拔承载力特性及数值模拟研究[J]. 水利与建筑工程学报, 15(05): 94-99.
魏占元. 2007. 青海盐渍土对变电工程的危害与治理措施[J]. 青海电力, 26(增刊): 40-44.
温小平, 翁兴中, 张俊, 等. 2015. 新疆地区粗颗粒盐渍土毛细水上升和隔断层隔断效果研究[J].

公路交通科技, 32(05): 56-60.
吴爱红. 2008. 盐渍土机场地基处理研究[J]. 铁道建筑技术, (1): 60-63.
吴爱红, 顾强康, 李婉. 2008. 盐渍土机场毛细水迁移试验研究[J]. 路基工程, (6): 137-138.
吴青柏, 孙涛, 陶兆祥, 等. 2001. 恒温下含硫酸钠盐粗颗粒土盐胀特征及过程研究[J]. 冰川冻土, 23(3): 238-243.
吴秋正. 2011. 电石灰改良盐渍土的强度特性研究[J]. 交通世界, (11): 118-120.
武威, 顾宝和, 王铠, 等. 2009. 岩土工程勘察规范(GB 50021—2001)(2009 年版). 北京: 中国建筑工业出版社.
新疆公路学会. 2006. 盐渍土地区公路设计与施工指南[M]. 北京: 人民交通出版社.
徐翔宇. 2012. 电石灰改良盐渍土土水特征试验研究[J]. 内蒙古公路与运输, (3): 1-3.
徐学祖. 1991. 冻土中水分迁移的试验研究[M]. 北京: 科学出版社.
徐学祖, 王家澄, 张立新. 2001. 冻土物理学[M]. 北京: 科学出版社.
徐攸在, 等. 1993. 盐渍土地基[M]. 北京: 中国建筑工业出版社.
徐攸在, 张维全, 洪乃丰, 等. 1998. 盐渍土地区建筑规范(SY/T 0317—1997). 北京: 石油工业出版社.
徐攸在. 1997. 也谈碎石类土的盐渍化评价——与高树森等同志商榷[J]. 岩土工程学报, 19(5): 106-109.
许玲. 2010. 天然砂砾材料在公路中的应用技术研究[D]. 重庆: 重庆交通大学.
薛明. 2006. 盐渍土地区公路养护与环境技术[M]. 北京: 人民交通出版社.
燕宪国. 2009. 盐渍土物理力学特性研究[J]. 华东公路, (4): 94-96.
杨成斌, 何穆, 杨军, 等. 2014. 盐渍土地区建筑技术规范(GB/T 50942—2014). 北京: 中国计划出版社.
杨柳, 芮勇勤, 杨保存. 2014. 阿拉尔市道路改建工程数值模拟分析[J]. 公路, 59(7): 84-89.
杨鹏, 朱彦鹏, 文桃, 等. 2017. 基于神经网络法对粗颗粒硫酸盐渍土地基渗透特性的试验研究[J]. 工程勘察, (3): 22-28.
杨晓松. 2009. 粉煤灰改良氯盐渍土工程特性的试验研究[D]. 杨凌: 西北农林科技大学.
姚德良, 李新. 1999. 干旱区绿洲棉田土壤水盐运动数值模拟[J]. 干旱区地理, (2): 26-34.
尹光瑞, 鲁志方. 2009. 强夯法在老盐渍土路基处治中的应用研究[J]. 公路交通科技(应用技术版), (2): 90-92.
原国红. 2006. 季节冻土水分迁移的机理及数值模拟[D]. 长春: 吉林大学.
曾桂林, 何飞, 王飞. 2010. 盐渍土路基的离散元模型及破坏响应研究[J]. 路基工程, (02): 167-168.
张超, 党进谦, 马晓婷. 2011. 粉煤灰改良氯盐渍土强度特性试验研究[J]. 人民黄河, 33(7): 132-134.
张登武, 赖天文, 方建生. 2012. 改良盐渍土的工程特性试验研究[J]. 铁道建筑, (9) : 81-83.
张国奇, 吴亚平, 王缸, 等. 2016. 盐渍化砂土路基沉降规律数值分析[J]. 兰州交通大学学报, 35(01): 90-93.
张洪萍. 2012. 盐渍土的工程性质及防治[M]. 北京: 国防工业出版社.

张佳晔. 2011. 电石灰改良盐渍土路基施工技术参数试验[J]. 资讯, (13): 98-99.

张军艳. 2006. 硫酸盐渍土水盐热力四场耦合效应的试验及理论研究[D]. 西安: 长安大学.

张军艳, 高江平. 2008. 硫酸盐渍土盐胀率影响因素交互作用分析[J]. 山西建筑, (11): 131-132.

张立新, 韩文玉. 2003. 冻融过程对景电罐区草窝滩盆地土壤水盐动态的影响[J]. 冰川冻土, (3): 297-302.

张莎莎. 2007. 粗颗粒硫酸盐盐渍土盐胀特性试验研究[D]. 西安: 长安大学.

张莎莎, 杨晓华, 谢永利, 等. 2009. 路用粗粒盐渍土盐胀特性[J]. 长安大学学报(自然科学版), 29(1): 20-25.

张莎莎, 杨晓华. 2012. 粗颗粒盐渍土大型冻融循环剪切试验[J]. 长安大学学报(自然科学版), 32(5): 11-16.

张莎莎, 杨晓华. 2019. 粗颗粒盐渍土路基工程[M]. 北京: 人民交通出版社.

张胜稳, 乔君霞, 陈惠娟. 2008. 强夯法在湿陷性盐渍土地基处理中的应用[J]. 低温建筑技术, 30 (2) : 122.

张蔚榛, 张瑜芳. 2003. 对灌区水盐平衡和控制土壤盐渍化的认识[J]. 中国水利, (16): 24-30.

张文, 吴永钧, 张卫红. 2008. 寒旱区盐渍土工程特性研究及展望[J]. 青海师范大学学报(自然科学版), (2): 84-88.

赵栋, 杨鹏, 文桃, 等. 2015. 天然粗颗粒硫酸盐渍土盐胀量剧变界限的试验探讨[J]. 工程勘察, (8): 26-30.

赵蒙蒙. 2014. 保温材料在硫酸盐渍土路基中的应用研究[D]. 北京: 北京交通大学.

赵天宇. 2012. 内陆寒旱区硫酸盐渍土盐胀特性试验研究[D]. 兰州: 兰州大学.

赵天宇, 张虎元, 王志硕, 等. 2015. 含氯硫酸盐渍土中硫酸钠结晶量理论分析研究[J]. 岩土工程学报, 37(07): 1340-1347.

郑冬梅. 2005. 松嫩平原盐渍土水盐运移的节律性研究[D]. 长春: 东北师范大学.

郑明权, 李志农, 付军锋. 2005. 利用强夯法加固盐渍土老路路基的试验研究[J]. 公路交通科技, (s2) : 119-122.

钟建平, 王志硕, 李安旗. 2006. 河西地区盐渍土的工程地质特性[J]. 西北水电, (4): 15-17.

周亮臣. 1984. 内陆盐渍土地基勘察及其处理措施[J]. 勘察科学技术, (2): 37-40.

Chen Lijuan, Feng Qi, Xi Haiyang, et al. 2012. Numerical simulation of salt leaching for the saline-alkali soil with clay interlayer I: models establishment and validation[J]. Advanced Materials Research, 457-458: 1361-1366.

Geng Xiaolong, Michel C. Boufadel. 2015. Numerical modeling of water flow and salt transport in bare saline soil subjected to evaporation[J]. Journal of Hydrology, 524: 427-438.

Wang Dongyong, Liu Jiankun, Li Xu. 2016. Numerical simulation of coupled water and salt transfer in soil and a case study of the expansion of subgrade composed by saline soil[J]. Procedia Engineering, 143: 315-322.

Xu Jian, Li Yanfeng, Wang Songhe, et al. 2021. Cement-improved wetting resistance of coarse saline soils in Northwest China[J]. Journal of Testing and Evaluation, 49(1): Published Online.

Yakirevich Alexander. 1997. A model for numerical simulating of evaporation from bare saline soil[J].

Water Resources Research, 33(5): 1021-1033.

Zhang Chenming, Li Ling, Lockington David. 2014. Numerical study of evaporation - induced salt accumulation and precipitation in bare saline soils: Mechanism and feedback[J]. John Wiley & Sons, Ltd, 50(10): Published Online.

Zhang Xudong, Wang Qing, Yu Tianwen, et al. 2018. Numerical study on the multifield mathematical coupled model of hydraulic-thermal-salt-mechanical in saturated freezing saline soil[J]. International Journal of Geomechanics, 18(7), doi: 10.1061/(ASCE)GM.1943-5622.0001173.